# NOTICE HISTORIQUE

## SUR LE PROJET

D'UNE

# DISTRIBUTION GÉNÉRALE D'EAU

# A DOMICILE DANS PARIS.

IMPRIMÉ CHEZ PAUL RENOUARD,
RUE GARENCIÈRE, Nº 5, F. S.-G.

# NOTICE HISTORIQUE

## SUR LE PROJET

D'UNE

# DISTRIBUTION GÉNÉRALE D'EAU

# A DOMICILE DANS PARIS;

ET

EXPOSÉ DE DÉTAILS Y RELATIFS, RECUEILLIS DANS DIFFÉRENTES VILLES
DU ROYAUME-UNI, NOTAMMENT A LONDRES,

## PAR C.-F. MALLET,

INGÉNIEUR EN CHEF DE PREMIÈRE CLASSE AU CORPS ROYAL DES PONTS-ET-CHAUSSÉES, CHARGÉ DU
SERVICE DE LA DISTRIBUTION DES NOUVELLES EAUX DANS PARIS, CHEVALIER DE LA LÉGION-
D'HONNEUR, MEMBRE DE L'ACADÉMIE DE ROUEN ET DE PLUSIEURS SOCIÉTÉS SAVANTES.

*Nisi utile est quod facimus, stulta est gloria.*
PHÈDRE.

## A PARIS,

CHEZ CARILIAN-GOEURY,

LIBRAIRE DES CORPS ROYAUX DES PONTS-ET-CHAUSSÉES ET DES MINES,
QUAI DES AUGUSTINS, N° 41.

1830.

# INTRODUCTION.

Dans la notice que nous présentons, nous n'avons pas eu l'intention d'offrir un travail savant, mais seulement les résultats de nos observations, et les leçons de l'expérience, recueillies chez nos voisins d'outre-mer, leçons achetées par eux au prix de longs et dispendieux essais. Telle est la marche de l'esprit humain chez tous les peuples, quelles que soient, d'ailleurs, leur instruction et leur intelligence; l'expérience seule conduit avec certitude aux améliorations. Convaincu de cette vérité, nous nous sommes attaché, dans deux voyages que nous avons faits en Angleterre, le premier par mission spéciale, le second de notre propre mouvement, à bien observer et à constater les faits relatifs à la distribution des eaux dans les grandes villes.

Ces faits, qui ne sont point connus, nous venons les publier ici; et nous apporterons, en les exposant, un scrupule et une conscience égale aux soins minutieux que nous avons mis à les recueillir; espérant que si, un jour, quelques-uns se trouvent démentis, on voudra bien n'attribuer cette inexactitude qu'à l'erreur inséparable des travaux des hommes, et surtout dans le genre de recherches auxquelles nous avons eu à nous livrer, recherches aussi difficiles que les objets en étaient multipliés.

On ne manque point de science en France. Chaque jour, grâces à l'admirable institution dont tout le reste de l'Europe nous envie l'idée première, et aux écoles d'application qui en complètent si dignement le système, l'instruction se répand sur tous les points de notre belle patrie; mais, il en faut convenir, les faits nous manquent (1). Placés dans une position bien différente de celle des ingénieurs britanniques; arrêtés à chaque pas par les formes administratives malheureusement voulues et inévitables dans le moment actuel; circonscrits, pour la rédaction de nos projets, dans un cercle d'idées consacrées jusqu'à ce jour, sans pouvoir le dépasser; arrêtés dans leur exécution par des instructions qui nous lient; privés de la liberté de faire l'essai d'une idée neuve inspirée par les localités ou par la réaction des difficultés à vaincre, à moins de nous exposer au blâme; refroidis, au moment de l'inspiration, par cette crainte ou par la vue de toutes les longueurs, de toutes les discussions à la suite desquelles le fruit de cette inspiration ne sera peut-être pas goûté, nous restons au point où nous sommes, et nous faisons comme ont fait nos devanciers.

D'un autre côté, nous sommes loin d'avoir autant d'occasions que nos voisins de faire germer les semences de cette instruction

---

(1) « Nous avons de la science autant qu'il nous en faut, nous a dit plus d'une « fois notre honorable chef et ami M. le baron de Prony; mais les faits nous man- « quent ». Il appartenait à l'un des premiers savans de l'Europe d'oser dire cette vérité, et il a fallu que nous l'ayons entendue sortir de sa bouche, pour nous permettre de la répéter ici.

première qu'ils nous reconnaissent, que, peut-être, ils nous envient, mais qui souvent reste stérile, faute d'avoir été fécondée par l'expérience. Chez eux, des capitaux immenses, accumulés déjà depuis plus d'un demi-siècle, libres dans leurs mouvemens, viennent au-devant des ingénieurs ; le mérite de ces derniers, les preuves qu'ils ont données d'un talent qui jamais ne reste sans emploi ni sans récompense, dirigent seuls le choix qui tombe sur eux ; de leur côté, responsables des travaux qu'ils entreprennent, ils sont libres de choisir leurs collaborateurs en sous-ordre ; ceux-ci en font autant, et ainsi de suite jusqu'au dernier des employés qui ne doit sa place qu'à ses talens et à sa capacité : de là ensemble, unité, perfection, et promptitude dans l'exécution des travaux.

Là, tous les moyens concourent aussi pour faire obtenir cette exécution au prix le plus avantageux : ainsi, dans les carrières, des grues du système le plus simple enlèvent les pierres détachées de la masse par le carrier, et les font arriver de proche en proche, et comme de main en main, jusqu'au lieu du chargement que la dernière opère elle-même sur les voitures. Dans les ateliers, des machines à vapeur battent des pieux, enlèvent les déblais du fond des tranchées, et, aidées encore par des chemins de fer, les transportent jusque hors des chantiers. Ces mêmes machines épuisent les eaux, broient la chaux, triturent les mortiers, et, enfin, suppléent partout la force dispendieuse des hommes, auxquels on n'a plus recours que dans les cas où les machines ne peuvent remplacer leur intelligence et leur adresse.

Que cet ordre de choses s'établisse en France, que les moyens de tous genres dont les ingénieurs anglais disposent nous soient

I.

offerts ou s'organisent au milieu de nous, et bientôt les excellentes intentions du magistrat placé à la tête de notre corps seront réalisées ; bientôt, si nous allons consulter leur expérience, nous pourrons aussi, par un échange mutuel et avantageux pour les deux peuples, leur offrir les leçons de nos théories appuyées également sur notre propre expérience ; car, suivant la belle pensée de M. le chevalier Masclet (1), ancien consul de France à Edimbourg, « l'intelligence humaine n'est pas soumise aux délimita- « tions territoriales, et celles de ses créations qui avancent la « civilisation sont le patrimoine commun de tous les hommes. » (Réponse à M. Thénard, ingénieur en chef, sur le système de Mac-Adam; *Journal des ingénieurs civils*, mars 1830.)

---

(1) C'est à l'époque de notre premier voyage, et lorsqu'il nous a conduit à Edimbourg, que nous avons eu le bonheur de connaître M. le chevalier Masclet, et qu'il s'est acquis les titres les mieux fondés à notre reconnaissance. M. le prince de Polignac était alors ambassadeur de Sa Majesté Très Chrétienne, M. le chevalier Roth, premier secrétaire, et M. le baron Séguier, consul général. Il n'est point de marques d'intérêt dont M. le prince de Polignac n'ait daigné nous honorer, dans ce voyage et dans le second, point de preuves d'obligeance et de sollicitude pour le succès de notre mission que nous n'ayons reçues de M. le premier secrétaire d'ambassade, et de M. le consul général.

# NOTICE HISTORIQUE.

Au moment où l'attention publique, et, en particulier, celle des capitalistes sont appelées sur l'*Entreprise de la distribution générale des eaux dans Paris,* nous avons pensé que le récit des circonstances relatives au projet de cette importante opération ne paraîtrait pas dénué d'intérêt, non plus que l'exposé de faits nouveaux recueillis dans le dernier voyage que nous venons de faire en Angleterre principalement dans ce but. Lors de la mission que nous avons reçue en 1824 d'aller étudier dans ce pays l'état des choses en ce qui concerne l'art de distribuer les eaux, nous avons dû nous occuper seulement des principes généraux sur lesquels reposait le système adopté: chercher, alors, à pénétrer dans les petits détails de ce système et dans ceux du mécanisme de sa mise en action, c'eût été nous exposer à négliger des points plus importans et, en outre, à prolonger notre absence au-delà des bornes qu'y mettait la juste impatience de l'administration. D'un autre côté, n'ayant, au moment où nous reçûmes cette mission, aucune idée des notions que nous avions à recueillir, et sur lesquelles il n'existait point encore de relation, et n'étant point familiarisé, alors, avec la langue anglaise, nous eussions été exposé à perdre une infinité de détails qui eussent échappé à nos investigations, et cela malgré les bienveillantes dispositions des personnes avec lesquelles cette mission nous a mis en rapport, notamment M. Anderson, ingénieur de la compagnie *Grand Junction*, à qui nous avons dû, avec l'autorisation du comité d'administration de cette compagnie, la connaissance du système de distribution qui faisait l'objet de nos recherches. (1)

Notre position, depuis cette époque, a changé; les discussions auxquelles les projets que nous avons rédigés ont donné lieu ont étendu le champ de la question, en appelant notre attention sur une foule de détails d'exécution que nous n'avions pu prévoir. Ces discussions on donné naissance à diverses objections, auxquelles nous n'avons voulu répondre que par des faits qu'une connaissance plus approfondie de la langue anglaise nous a mis plus tard à même de mieux saisir. Nos réponses résulteront donc de détails positifs, au lieu de reposer sur de simples raisonnemens et sur des prévisions, sources d'erreurs bien dangereuses quand il s'agit de questions de ce genre où, moins que jamais, la théorie peut marcher sûrement sans s'appuyer sur l'expérience.

Nous commencerons par un court exposé des circonstances qui ont précédé la rédaction des projets que nous avons été chargé de présenter ou que nous avons étudiés, projets dont nous donnerons une idée succincte. Nous passerons de là à celui des systèmes sur lesquels ils reposent, et nous terminerons par le détail des nou-

---

(1) Nous ne pouvons passer ici sous silence les marques d'obligeance que nous avons reçues alors de M. Cokerell, architecte des plus distingués, qui a beaucoup contribué à nous mettre en relation avec M. Anderson, ainsi que de M. Donaldson, architecte également recommandable. Ce sont eux qui nous ont introduit auprès de M. Telford, dont il suffit de citer le nom, de M. Myln, ingénieur de la compagnie *New river*, et de MM. Rennie, héritiers d'un nom aussi européen que celui de M. Telford. Cet ingénieur célèbre a mis, en outre, le plus grand empressement à nous tracer notre itinéraire, lorsque nous nous sommes dirigé vers l'Ecosse, et à nous donner une lettre d'introduction près de tous les ingénieurs sur la ligne. Nous ne finirions pas si nous voulions citer tous les hommes distingués avec lesquels nous avons été en rapport pendant notre voyage, ainsi que l'excellent accueil que nous avons reçu à Sherness, à Bath, à Chester, à Bangor, à Glascow, à Edimbourg, de MM. Thomas Harvey, Wedge, Provis, Cleland, Jardine, etc. , etc. , etc.

veaux renseignemens que nous avons recueillis dans notre dernier voyage; enfin nous joindrons à cette notice 1° le plan que nous avons remis à l'administration et sur lequel nous avons placé un appendice présentant la pensée dominante du premier projet que nous avions préparé d'avance, d'après nos propres idées; 2° le tableau synoptique des élémens de la dépense de celui qui a été arrêté.

Dès que le rapport d'une commission d'ingénieurs, nommée en 1816, eut mis l'administration de la ville de Paris à même de connaître exactement la situation des travaux du canal de l'Ourcq, et ce qui restait à faire pour terminer cette grande entreprise, elle s'occupa sérieusement d'un des objets les plus importans après avoir réussi à amener les eaux de cette rivière vers un des points élevés de Paris, celui de les verser avec abondance sur les principales places de cette capitale, tant dans l'intérêt de son embellissement, que dans celui de la salubrité publique et de la garantie des propriétés contre les incendies.

Déjà, depuis quelques années, une compagnie anglaise, représentée par M. Lees, faisait des offres à la ville de Paris pour obtenir l'entreprise d'une distribution d'eau dans cette capitale, à l'instar de celles qui sont faites dans les principales villes du Royaume-Uni, notamment à Londres; un ingénieur fort distingué de cette dernière ville, M. Myln, avait même été chargé par cette compagnie de se transporter à Paris, où il a séjourné quelque temps, d'abord en 1814, époque à laquelle il recueillit les données nécessaires pour rédiger un projet qui lui avait été demandé et qu'il remit ensuite vers 1816. A ce moment, et lorsque l'on connut mieux le but de l'opération, M. Lees, qui était retourné à Londres, revint ici. Les démarches devinrent plus pressantes; diverses propositions furent faites; un projet de traité fut même dressé, et soumis, en 1816, d'abord à la commission chargée de préparer un rapport sur le canal de l'Ourcq et l'évaluation des dépenses qui restaient à faire pour terminer ce grand ouvrage, et, ensuite, à une autre commission nommée au sein du conseil municipal ; et , vers 1817, on arriva à la rédaction définitive d'un cahier des charges.

Dans ce cahier des charges, la ville, alors maîtresse de faire les conditions , ne manqua pas, comme elle se l'était encore proposé dernièrement, de donner toute l'extension possible à son intervention dans l'entreprise. Elle conservait la jouissance du produit des eaux tel qu'il était alors, jusqu'au moment où le nouveau système à établir par la compagnie aurait été entièrement mis à exécution. Ce moment arrivé, elle devait recevoir de la compagnie 3,500,000 fr., pour la cession de ses établissemens hydrauliques, et elle rentrait elle-même, au bout d'un certain temps, dans la propriété de toutes les nouvelles créations, ainsi que dans celle du système entier de la distribution laissé par la compagnie, et du revenu qui y serait attaché.

Enfin, la compagnie s'obligeait, avant tout, à présenter le projet développé de son système de distribution, accompagné de devis et détails estimatifs, projet qui devait être examiné et discuté par le conseil des ponts-et-chaussées. A la faveur de cette dernière condition, la ville conservait de fait, et par sa volonté, l'honorable soin de suivre de l'œil les progrès successifs d'une opération qui intéressait l'un des premiers besoins des habitans de la capitale ; elle était à même de s'identifier avec la surveillance de l'entreprise, d'en presser le terme et d'en prévoir les conséquences. Connaissant.d'avance la nature du système, et les moyens d'exécution ; rassurée, d'un autre côté, sur les avantages de ces moyens, par l'expérience des personnes à la tête de l'entreprise, expérience acquise par un demi-siècle de pratique, l'administration était à même de s'assurer que les travaux pouvaient remplir leur but, et trouvait une compensation du trouble qu'ils devaient causer momentanément aux habitans, ou du dommage que les intérêts du commerce pouvaient en éprouver, dans l'idée que le travail était définitif, et que les ouvrages, une fois exécutés, seraient peu susceptibles de détérioration (1). Mais la conclusion d'un traité de cette nature demandait de grandes réflexions; il fallait concilier les intérêts particuliers de notre industrie avec l'intérêt plus général que présentait cette entreprise importante. D'un autre côté, l'administration avait à observer des formes qu'il devenait difficile de faire concorder avec le système d'exécution que proposait la compagnie, et dont elle faisait une condition expresse. Il se présentait plusieurs manières de faire l'opération. La compagnie entreprendrait-elle les travaux à ses risques et périls, et lui abandonnerait-on la dispensation d'un élément qui touchait aux premiers besoins des habitans? Ou bien, se bornerait-on à la charger de la confection des travaux, à condition de lui rembourser ses avances en un certain nombre d'années? Telles étaient, entre autres, les différentes combinaisons qui se présentaient.

En attendant une solution définitive, la sollicitude de l'administration de la ville, et particulièrement celle du magistrat placé à sa tête, ne se lassèrent point. Versé dans la science de l'ingénieur autant que dans celle de l'administrateur, et doué surtout de cette persévérance, sans laquelle tout se résout en propositions, et les meilleurs projets ne sont que de beaux rêves, ce magistrat, qui ne recule devant aucune fatigue, pourvu qu'il étende le cercle des connaissances et qu'il fasse le bien, voulut observer un pays devenu fameux par les travaux de tous genres qu'il avait entrepris pendant les vingt années et plus d'une guerre qui avait fermé toutes communications entre lui et la France. Près de confier à nos voisins le soin d'importer chez nous le fruit de leur expérience, il se décida, en 1823, année dans laquelle nous fûmes appelé au service de la distribution des eaux de l'Ourcq, à aller visiter l'Angleterre, et, sans doute, à y observer, par lui-même, l'art de la distribution des eaux à domi-

---

(1) D'après le système actuel de pose des tuyaux chez nos voisins, et que nous avons introduit ici dans notre service, depuis notre premier voyage, nous pouvons dire que les dépenses pour réparation et entretien se réduisent à presque rien.

cile , art dont on devra la connaissance première et, nous devons
l'espérer, l'introduction en France, au zèle éclairé, et à la ferme
volonté de M. le comte de Chabrol.

Familiarisé avec l'étude et l'esprit d'observation , ce magistrat
ne fut pas long-temps à saisir tous les ressorts du système, et à
pressentir les avantages qui résulteraient de son application à la
ville de Paris. Il ne tarda pas , après son retour en France, à en
convaincre le conseil municipal, et, en août 1824, l'on fut à même
de reprendre les négociations entamées depuis si long-temps avec la
compagnie qui avait eu la première idée de l'entreprise. On s'adressa
donc à l'autorité supérieure, qui, prononçant définitivement, décida,
dans cette même année 1824, que le traité ne pouvait avoir lieu
que par adjudication avec publicité et concurrence. Ce fut alors
que nous reçûmes l'ordre de nous rendre sur les lieux, ainsi que
nous l'avons déjà mentionné , pour nous mettre à même de préparer, pour ainsi dire sous la dictée de l'expérience, la rédaction
d'un projet basé sur le système de nos voisins.

De retour, vers la fin de novembre, avec les nombreux matériaux
que nous avait fournis M. Anderson , matériaux accompagnés d'une
espèce d'esquisse ou d'avant-projet (sketch) et d'un plan du système
tracé par cet ingénieur, après avoir visité, suivant l'ordre que nous
en avions reçu , divers établissemens du même genre à Bath, Chester, Manchester, Liverpool , Glascow et Edimbourg, ce que nous
n'avons pu faire cependant que très rapidement, vu le peu de
temps à notre disposition, nous nous occupâmes de la rédaction
d'un avant-projet, basé sur celui qu'avait fourni M. Anderson , afin
de donner connaissance à l'administration de la ville de la nature
de l'opération , ainsi que de l'évaluation de la dépense. Nous présen-
tâmes ce travail le 12 mars suivant ; la dépense y était portée à
24 millions, y compris celle de l'établissement des fontaines publiques qui s'élevait à 6 millions.

L'examen de ce travail préliminaire employa quelques mois, et, le 13 août, nous reçûmes l'ordre de nous occuper de la rédaction du projet définitif, projet que nous parvînmes à remettre le 10 février 1826. (1)

Ce projet portait à 22 millions la dépense du système de distribution générale des eaux de l'Ourcq, tant pour le service public, que pour celui des particuliers; il se composait d'un mémoire instructif, du devis général des travaux à faire, d'un bordereau de prix de toute espèce, d'un détail estimatif, et de 34 feuilles de dessins ou plans dont un présentait, sur une grande échelle, la disposition générale du système, et de tous les tuyaux placés dans chacune des rues de Paris.

*Projet de la distribution de 4,000 pouces des eaux de l'Ourcq.*

Voici quels étaient les élémens de ce projet (2), dans lequel nous crûmes qu'il était de la prudence de ne point nous écarter des bases principales posées par l'expérience. (3)

Le service était divisé en deux parties distinctes : 1° celui des quartiers inférieurs, ou que l'eau en mouvement pouvait atteindre, sous la pression à laquelle elle était soumise dans le bassin de la Villette à son niveau légal, c'est-à-dire à 25 mètres 239 mill. au-dessus du zéro de l'échelle du pont de la Tournelle, ou à 27

---

(1) Nous ne croyons pas inutile de faire remarquer que six mois seulement se sont écoulés, depuis l'ordre qui nous fut donné de rédiger ce projet, jusqu'au jour où nous en avons fait la remise; les formalités et les discussions administratives ont dû nécessairement employer un temps plus long.

(2) Voir *le Bulletin universel des sciences et de l'industrie*, publié par M. le baron de Férussac, sect. v, tome v, février 1826, page 186; et tout récemment l'ouvrage de M. Dutens, inspecteur divisionnaire des ponts-et-chaussées, sur la navigation intérieure de la France, page 565.

(3) Nous avons, cependant, cru devoir soumettre à des calculs minutieux, et aussi rigoureux que l'état de la science, et la nature variable des données le permettaient, les dimensions de chaque tuyau et de toutes les autres parties, ainsi qu'on pourra le voir aux pièces déposées à la préfecture.

2.*

mètres 011 de celle du pont des Tuileries; 2° celui des quartiers supérieurs qui se faisait au moyen d'une pression opérée par une machine à vapeur.

Le bâtiment destiné à contenir cette machine, et celle de rechange, était placé sur le terrein vague qui se trouve à l'extrémité du bassin de la Villette; en face était, suivant l'usage adopté chez nos voisins, un autre bâtiment destiné aux personnes attachées, soit à la surveillance de la machine à vapeur, soit à celle du magasin aux fontes, formé dans l'enceinte de l'établissement, soit à la tenue des écritures; une salle y était réservée pour les administrateurs, qui pouvaient être appelés sur ce point important.

Un filtre dans lequel l'eau prenait un mouvement ascensionnel, et disposé de manière à diminuer les inconvéniens attachés à ce mode, au milieu des avantages qu'il présente sous un autre rapport, était établi dans le canal d'embranchement, sur la droite; un autre filtre, du même système, ajouté au premier, mettait à même de nettoyer alternativement chacun d'eux, sans interrompre le service.

L'eau se rendait de ces filtres, soit dans la bache de la machine à vapeur, soit dans le regard d'où elle passe actuellement dans l'aqueduc de Ceinture. De ce regard partait une conduite principale de 1 mètre 50 de diamètre, dirigée par la rue du Faubourg-Saint-Martin pour le service des quartiers inférieurs; et de la machine à vapeur il en partait aussi une autre qui longeait la première, et était destinée au service des quartiers supérieurs à la porte Saint-Martin. La conduite principale se divisait, à droite et à gauche, en deux branches; l'une se dirigeait vers le pont Louis XVI, l'autre vers celui de la Tournelle, pour venir se fermer sur la place Saint-Sulpice où elles étaient réunies par un robinet à double face (*double face cock valve*).

De cette conduite, qui a pris le nom d'annulaire, partaient d'autres tuyaux dits répartiteurs, au nombre de 48, et de ceux-ci, d'autres tuyaux dits de service, sur lesquels s'embranchaient ceux en plomb qui devaient servir aux particuliers. Il y avait à chaque branchement un robinet destiné à être manœuvré par les fontainiers en temps convenable, et de manière à assurer la distribution.

Trois réservoirs devaient tenir l'eau constamment en charge dans les conduites principales des quartiers supérieurs pour le cas d'incendie : l'un était placé sur la chaussée de Ménil-Montant, l'autre à Montmartre, et le troisième à l'Estrapade.

L'examen de ce projet, après avoir été confié, le 31 mars suivant, à M. le chevalier Tarbé, fut ensuite renvoyé, par M. le directeur général des ponts-et-chaussées, le 3 août de la même année, à une commission composée de MM. de Prony, Tarbé, Lamandé, Lepère et Jousselin, et arriva enfin au conseil des ponts-et-chaussées.

La discussion fut longue et proportionnée à l'importance et à la variété des questions que présentait le projet; construction, architecture, mécanique appliquée, hydraulique, etc., tels étaient les objets de toutes ces questions, dont la plus grande partie appartenait au domaine des sciences physico-mathématiques.

On adopta en principe le système emprunté à nos voisins; mais une proposition qu'il ne nous appartenait pas de faire ne tarda pas à être soulevée, et à prendre d'autant plus faveur au milieu du conseil qu'elle eut aussi l'approbation de M. le préfet du département : ce fut l'idée de substituer les eaux de la Seine à celles de l'Ourcq pour la boisson des habitans de Paris. Cette proposition donna lieu à l'examen de plusieurs moyens d'exécution soumis successivement par divers membres du conseil.

Les uns voulaient que le même système de conduite fût destiné à recevoir, alternativement, les eaux de la Seine, et celles de l'Ourcq; d'autres, que l'on établit un système distinct pour chacune d'elles. Cette dernière proposition parut l'emporter, après diverses discussions dans lesquelles nous fûmes entendu; mais elle donna aussi naissance à trois autres.

L'une tendait à ce que l'on fît une double distribution des eaux de l'Ourcq et de la Seine sur la rive droite, en conservant pour les eaux de l'Ourcq le système actuel, et en appliquant celui qui est composé d'une conduite principale, de répartiteurs et de tuyaux de service, à la partie des eaux de la Seine nécessaire aux besoins de particuliers; enfin, en ne distribuant que ces dernières sur la rive gauche.

L'autre tendait à ce que l'on appliquât le même système ( dont nous avons déjà parlé ) tant aux eaux de l'Ourcq qu'à celles de la Seine.

La troisième tendait à ce que l'on conservât pour les eaux de l'Ourcq le système actuel, en invitant M. Girard à terminer le projet dont il avait posé les bases dans l'ouvrage qu'il a publié en 1810, projet dont l'exécution est déjà très avancée, et qu'on appliquât le système nouveau, seulement au nouveau genre de distribution. Cette opinion, émise par nous, fut appuyée par les uns, et combattue par les autres; enfin la discussion fut suspendue lorsque le conseil sentit la nécessité de faire, avant tout, l'évaluation de dépenses de chacun des systèmes qui avaient été passés en revue, et nous fûmes chargé de ce soin.

Bientôt nous remîmes ce travail (1), à la fin duquel, après avoir discuté tous les systèmes proposés, nous plaçâmes le tableau que nous croyons devoir présenter ici.

---

(1) Nous donnâmes le titre suivant à ce travail : Considérations relatives à la vingt-deuxième proposition de la commission chargée d'examiner le projet de distribution générale des eaux de l'Ourcq, ladite proposition tendante à ce qu'il soit élevé deux mille pouces des eaux de la Seine par des machines placées sur les bords de ce fleuve, et autres considérations diverses.

# TABLEAU SYNOPTIQUE

PRÉSENTANT LES RÉSULTATS DU COMPTE DE CHAQUE OPÉRATION.

| DÉSIGNATION DE LA NATURE DE L'OPÉRATION. | PREMIERS FRAIS d'établissement. | DÉPENSE ANNUELLE. | CAPITAL NÉCESSAIRE. | OBSERVATIONS. |
|---|---|---|---|---|
| Projet primitif rédigé pour la distribution de 4000 p. des eaux de l'Ourcq. | f. 26,000,000 | f. 1,701,625 | f. 34,032,500 | |
| **Projet de distribuer 2000 pouces d'eau de Seine, présenté par la commission.** — Au moyen de deux systèmes. Avec une conduite annulaire pour les eaux de l'Ourcq | 27,400,000 | 1,962,097 | 39,241,940 | |
| Au moyen de deux systèmes. En suivant le système actuel pour les eaux de l'Ourcq, et n'appliquant celui dit annulaire qu'aux 2000 pouces des eaux de la Seine. | 22,600,000 | 1,678,675 | 33,573,500 | La modicité du prix de ce système tient à ce que l'on utilise tous les tuyaux actuels du système des eaux de l'Ourcq, dont le complément ne monte plus alors qu'à 5,658,36o f., et que ce système n'exige ni conduite alimentaire, ni galerie, ni additions de répartiteurs, ni réunion de ceux de la rive droite avec ceux de la rive gauche. |
| Avec un seul système tel qu'il serait conçu par la commission. Distribution journalière. | 30,000,000 | 2,108,351 | 42,167,020 | Il est impossible de tirer aucune conséquence de ce résultat, qui se rapporte à une chose entièrement idéale, et dans le compte duquel il a fallu se conformer à une condition imposée, celle d'augmenter les diamètres des tuyaux proportionnellement aux 6ooo pouces, mesure que l'on pourrait éviter en se résignant à voir les eaux s'élever à une moindre hauteur, ou conserver une moindre action aux orifices de sortie, sacrifice qu'il était possible de faire sans de grands inconvéniens. |
| Également avec un seul système, mais comme il a été proposé par M. le comte de Chabrol. Distribution alternative d'eau de Seine et de l'Ourcq. | 26,700,000 | 1,939,258 | 38,785,160 | |
| **Emploi exclusif des eaux de la Seine.** Distribution de 4000 pouces. | 25,700,000 | 2,032,001 | 40,640,020 | Ici l'eau conservera une très grande action à la sortie, et pourra monter aux étages les plus élevés. |
| Distribution de 6ooo pouces. | 25,800,000 | 2,297,540 | 45,950,800 | Ici, pour ne pas tomber dans une dépense qui rendît l'opération inexécutable, en augmentant, soit les diamètres des tuyaux, soit la force et le nombre des machines, on s'est borné à ce qui était nécessaire pour assurer chaque service. |

En jetant les yeux sur le tableau, on voit que le mode le plus avantageux était, ainsi que nous cherchions à en convaincre le conseil, celui qui consistait à continuer le système de M. Girard pour les eaux de l'Ourcq, en utilisant ce qui était fait, sans chercher à faire circuler, dans tous les sens, des eaux qui ne devaient prendre qu'environ douze directions différentes, dont elles en suivent cinq sur lesquelles le service se fait actuellement, et à n'appliquer le système approprié au premier but, qu'aux eaux de la Seine, dont la destination avait paru ne pouvoir être remplie autrement.

Cependant, cette idée (1), soutenue par le chiffre, ne fut pas

---

(1) Cette idée est celle qui a été préférée par M. Genieys, et qu'il a développée dans la petite brochure publiée, quelques mois après la discussion, sous le titre de note sur un *Projet de distribution d'eau dans l'intérieur de Paris*, publiée en 1827. Nous croyons devoir profiter de l'occasion que nous avons d'en parler, pour relever une erreur que cet ingénieur a faite, à notre sujet, en disant que nous avons observé la distribution des eaux de Venise, erreur que nous croyons d'autant plus devoir signaler, que l'on ne boit dans cette ville que l'eau de pluie, la seule qu'on puisse y recevoir, et qui est recueillie dans des citernes, soit publiques, soit particulières. Cette erreur se trouve encore propagée par M. l'inspecteur divisionnaire Dutens, dans son *Histoire de la navigation intérieure de la France*, ouvrage déjà cité. Ce que nous avons observé à Venise, dans l'intérêt des villes qui sont condamnées à boire de l'eau de pluie, c'est la citerne établie dans le palais ducal, l'une de celles qui sont publiques. Cette citerne a été construite ainsi qu'il suit : on a creusé le terrein sur six à huit mètres de profondeur, dans un rayon de six à sept, sous la forme d'un paraboloïde, et on l'a revêtu d'un pavage. Au centre on a placé un puits en maçonnerie, mais dont la partie inférieure a été posée à pierre sèche; l'intervalle restant a été rempli en sable, puis, au milieu de ce sable, on a construit une petite galerie ou voûte annulaire, ladite galerie concentrique à la ligne extérieure du paraboloïde. On a réservé plusieurs ouvertures dans le sommet de la voûte; enfin toute la surface a été couverte d'un pavage raccordé avec celui de la cour, mais en formant un caniveau dont la ligne de fond correspond au centre de la voûte annulaire.

On sent que les eaux de la pluie, tant celles qui tombent sur la surface de la cour que celles qui tombent des toits, viennent se rendre dans le caniveau, et, de là, pé-

adoptée par la majorité; et il fut arrêté dans la dernière séance, celle du 5 juin 1827, qu'il convenait bien de distribuer les 2,000 pouces des eaux de la Seine et 4,000 de celle de l'Ourcq, chacune par un système distinct, mais que l'un et l'autre de ces systèmes devraient être les mêmes, c'est-à-dire composés d'une conduite annulaire et de tuyaux répartiteurs. Enfin le 30 du même mois, M. le directeur général des ponts-et-chaussées adressa notre projet à M. le préfet de la Seine, en daignant le qualifier de savant (1) et volumineux travail, et il s'en rapporte aux lumières de ce magistrat, et à celles du conseil municipal, sur le choix à faire entre les divers partis proposés.

Cette décision fut donc soumise au conseil municipal, qui nomma une commission d'examen, et, sur le rapport de la commission il fût arrêté : 1° Que les eaux de l'Ourcq seraient distribuées suivant le projet présenté le 1er février 1808, par M. Girard (2); projet

---

nètrent, par la voûte, dans le sable qu'elles traversent, pour arriver à la partie inférieure du puits formé de pierres sèches et dans lequel elles montent. Aussi, le matin, ce puits est-il plein; mais, au bout d'un certain temps, cette eau étant puisée, le niveau s'abaisse et le réservoir en fournit continuellement de la nouvelle, claire et fraîche, à l'instar d'une source.

Quant aux systèmes de distribution d'eau que nous avons observés en Italie, ce sont ceux de Rome, Pérouse, Pise et Gênes; nous avons même levé l'aqueduc à Syphon, qui transmet l'eau à cette dernière ville, et nous nous sommes fait un vrai plaisir d'en communiquer un dessin à M. Genieys, qui l'a fait figurer dans son ouvrage.

(1) Au nombre des épithètes que notre travail a dues à l'indulgence de M. le directeur général, nous acceptons pour lui celle de volumineux, puisqu'il est, en effet, assez considérable, mais nous devons le défendre de celle de savant, car, bien que nous ayons appelé quelquefois la science à son secours, il repose plus généralement sur les seules leçons de la pratique.

(2) Description générale des différens ouvrages à exécuter pour la distribution des eaux de l'Ourcq dans l'intérieur de Paris, et devis détaillé des ouvrages par M. P.

3

que cet habile ingénieur serait invité à compléter. 2° Que le service des particuliers serait fait avec 2,000 pouces des eaux de la Sèine, mais toujours suivant le système que nous avions proposé pour celles de l'Ourcq, en modifiant les dispositions et en réduisant les dimensions en raison du changement des données.

Nous reçûmes la communication de cette décision le 1er avril 1828, et l'ordre de nous occuper, sans délai, de la rédaction du nouveau projet.

En même temps, l'administration répandit dans le public le cahier des conditions proposées aux capitalistes qui voudraient se rendre adjudicataires de l'entreprise, avec invitation de faire connaître leurs observations. Le 15 juillet suivant, une commission prise dans le sein du conseil municipal et auprès de laquelle nous fûmes appelés, M. Girard et moi, commença l'examen des observations envoyées, et la discussion des objections présentées qui devait précéder la rédaction définitive du cahier des charges.

Mais déjà nous avions commencé l'étude du projet d'après nos propres idées, et il était tracé sur le papier (1), lorsque la com-

---

S. Girard, ingénieur en chef des ponts-et-chaussées, directeur du canal de l'Ourcq et des eaux de Paris.

(1) Les bases principales de notre projet consistaient à faire seulement deux prises d'eau, et toutes les deux en amont de Paris, l'une sur la rive droite, en face du parc de Bercy, l'autre sur la rive gauche en face des hauteurs d'Ivry. Les eaux élevées par des machines à vapeur dans des réservoirs dont nous avions calculé les dimensions, y déposaient la majeure partie des troubles qu'elles tiennent toujours en suspension, notamment lors des fontes de neige, et des orages, ou dans les saisons pluvieuses; de ces réservoirs elles se rendaient à de vastes filtres, d'où elles se mettaient en charge dans les conduites principales dirigées le long des quartiers de la rive droite, et de la rive gauche, et sur lesquelles se branchaient les autres conduites formant l'ensemble du système.

Ce projet, que nous avions étudié avec le plus grand soin sur le terrain, et dont nous avions donné une copie à M. Genieys, en l'invitant à calculer les dimensions

mission, après avoir discuté le programme, arrêta celui auquel nous aurions à nous conformer, et décida, entre autres choses, que nous utiliserions les trois établissemens que la ville possédait sur le bord de la Seine, dont deux au-dessous de Paris et un au-dessus, et que la ville fournirait sur la rive droite, vers la Rapée, l'emplacement d'un quatrième établissement.

C'est sur ce programme que nous avons composé notre troisième projet qui, joint à celui qui avait été demandé à M. Girard pour les eaux de l'Ourcq, devait être proposé aux spéculateurs comme présentant les élémens de leurs calculs, et devenir pour l'administration la base fondamentale d'un contrat dans lequel elle avait un si grand intérêt; du moins telle avait toujours été sa manière de voir, et tout le monde paraissait d'accord sur ce principe.

Ce projet, tracé sur la planche jointe à cette notice, se composait 1° d'un plan général, sur grande échelle, présentant l'emplacement des diverses prises d'eau, celui des bâtimens, des machines à vapeur destinées à élever les eaux, et des réservoirs, soit existans, soit à construire; enfin le détail exact et la direction des conduites de divers ordres qui forment le système de cette partie fondamentale de la distribution;

2° D'un atlas formé de feuilles de divers dessins au nombre de trois, qui, jointes à celles dont le projet du canal de l'Ourcq est accompagné, semblaient présenter la réunion complète de tous les détails de cette espèce que l'on pouvait desirer;

Projet de la distribution de 2,000 pouces dr seaux de la Seine.

---

des tuyaux, invitation qui n'a pas eu de suite, est, quant à l'ensemble et sauf quelques légères différences de détail dans la direction des conduites, celui qui est tracé sur la planche x de l'ouvrage publié par cet ingénieur en 1829, sous le titre d'*Essai sur les moyens de conduire, élever et distribuer les eaux*, et auquel se rapporte la note, pages 159 et 160, note ainsi conçue : « C'est ce que nous avons supposé « dans la note imprimée en 1827, mais nous avons pensé, d'après les observations « de M. Mallet, qu'il était préférable de prendre toutes les eaux au-dessus de Paris. »

3.*

3° D'un devis et état descriptif des divers travaux formant l'objet de l'entreprise, ledit état terminé par l'estimation de la dépense;

4° D'un bordereau des prix des divers ouvrages à faire.

Le service se divisait sur chaque rive, en service de hauts quartiers, service de bas quartiers, et l'on faisait dans chacun de ces plans un haut et un bas service. Le bas service finissant à 3 mètres au-dessus du pavé.

Les parties couvertes de hachures indiquent les hauts quartiers, comme on le voit aux côtes mises sur la planche, et la ligne de séparation des hauts et bas quartiers se trouve sur la rive droite moyennement à 9 mètres 80 centimètres au-dessus du zéro de l'échelle du pont de la Tournelle, et sur la rive gauche, à 19 mètres environ au-dessus du même point.

Quatre machines à vapeur, non compris celles de rechange, dont une à Chaillot de 100 chevaux, une au Gros-Caillou de 60, une à la Garre de 30, et une à la Rapée de 60, élevaient l'eau nécessaire pour les services précités.

Quant à la distribution de l'eau élevée par les machines, elle se faisait de chaque côté, au moyen de conduites principales dans lesquelles l'eau était forcée par les machines à vapeur, ou était tenue en charge par leur mise en communication avec les bassins ou projetés, ou existans.

Sur ces conduites étaient branchés des répartiteurs rayonnant de droite et de gauche, et sur ces répartiteurs des tuyaux dits de service, tantôt placés le long des répartiteurs, et tantôt dirigés isolément, selon la longueur et les besoins des rues; enfin, sur les tuyaux de service étaient branchés ceux des particuliers, venant aboutir à leurs réservoirs, et terminés par des robinets dont l'ouverture et le jeu étaient réglés par des flotteurs; le tout d'accord avec le système que nous avions proposé pour la distribution des eaux de l'Ourcq, dont nous avons parlé plus haut, et que nous avions eu l'ordre d'appliquer à ce projet qui était le second pour l'administration.

La conduite principale de la rive droite partait, d'une part, à l'amont de Paris, de l'établissement de la Rapée, et suivait le quai de ce nom, ainsi que le boulevard, jusqu'à la porte Saint-Martin, et d'une autre part, à l'aval de Paris, du bâtiment de Chaillot, en longeant le quai de la Conférence, jusqu'au point de division déjà cité, où se trouvait un robinet d'arrêt, à double face, destiné à prolonger plus ou moins, et en cas de besoin, le service de chaque établissement, ou du moins des machines qu'il renferme.

Enfin cette conduite faisait successivement le service des bas et des hauts quartiers.

Les premiers, et une partie des seconds, pouvaient être servis par les réservoirs de Chaillot, et le reste du service des seconds se faisait au moyen d'une pression directement opérée, dans la conduite principale, par la machine à vapeur, et réglée, soit par un dynamomètre, soit par un tuyau de bout placé dans l'un des réservoirs. (1)

Quant à la conduite principale de la rive gauche, destinée au service des bas quartiers, elle partait de l'établissement du Gros-Caillou, passait par les rues de la Boucherie des Invalides, l'Esplanade, les rues de Grenelle, du Vieux-Colombier, de Touraine, de l'Ecole-de-Médecine, des Noyers, de Saint-Victor, de Poliveau, et venait se terminer sur le quai de la Garre.

Celle destinée au service des hauts quartiers, sur cette même rive, partait de l'établissement de la Garre, et passait par les rues de Poliveau, du Jardin-du-Roi, par la rue Copeau, et l'Estrapade, où elle aboutissait à un réservoir élevé, sur cette place, à 40 mètres 50 cen-

---

(1) Le dynamomètre appelé en Angleterre *bang pump*, et qui pourrait être remplacé par celui dit *dynamomètre hydraulique* de M. Martin, est, avec le tuyau dit *stand pipe*, le moyen employé par les Anglais pour connaître la pression de l'eau dans les tuyaux, et être à même d'en fixer la limite.

timètres au-dessus du zéro de l'échelle du pont de la Tournelle, réservoir d'un grand secours en cas d'incendie. Tel est le troisième projet que nous avions rédigé, qui fut l'objet de l'examen de la commission du conseil municipal (1) pendant plusieurs séances, et reçut enfin son approbation.

Mais alors le nouveau cahier des charges était déjà depuis quelque temps au ministère de l'intérieur et entre les mains de M. Paulze d'Ivoy, maître des requêtes, nommé rapporteur, qui, en janvier 1829, sentant le besoin de quelques éclaircissemens, témoigna le désir de s'entendre, à cet égard, avec la commission de la ville.

Il y eut, à cet effet, plusieurs réunions dans lesquelles on fit, de concert avec M. le rapporteur, diverses modifications à ce cahier, et il en subit d'autres avant d'être livré à l'impression qui eut lieu vers le mois d'août 1829. Enfin, ce cahier des charges ayant été discuté au conseil d'état, y éprouva encore quelques légers changemens, c'est celui qui, rendu public aujourd'hui, présente définitivement la base du contrat pour l'importante entreprise offerte à la spéculation, et, nous osons l'espérer, aux vues philanthropiques des capitalistes; ils n'oublieront point sans doute qu'ils sont chargés de pourvoir à l'un des premiers besoins des habitans de la capitale du monde, besoin aussi grand qu'il a été jusqu'ici incomplètement satisfait malgré la constante sollicitude des magistrats de la ville.

D'un autre côté, les habitans de Paris n'oublieront pas non plus dans leurs relations avec la compagnie qu'à cet intérêt si grand se

---

(1) On doit, en rappelant ici le projet primitif que nous avons rédigé, et dont nous avons parlé plus haut, rappeler aussi que M. le directeur général, en le renvoyant en mai 1827, au conseil municipal avec l'extrait du procès-verbal des séances du conseil des ponts-et-chaussées où se trouvaient consignées les diverses propositions auxquelles la discussion avait donné lieu, s'en rapporta à l'administration de la ville sur le parti à prendre à l'égard de ces diverses propositions.

joint celui de l'assainissement de la capitale et de la sûreté des maisons contre les ravages de l'incendie, et ils n'hésiteront pas à s'abstenir de ces petits moyens qu'ils pourraient trouver d'abuser contre elle si par hasard ils leur étaient offerts. Ils devront se trouver heureux de pouvoir, pour une dépense de beaucoup inférieure à celle à laquelle ils sont maintenant assujétis, recevoir à domicile, sans embarras, une quantité sextuple au moins de celle avec laquelle, aujourd'hui, ils pourvoient à leurs besoins.

Il s'agit ici de modifier nos habitudes, de changer la manière mesquine dont nous employons l'eau contre un large usage de cet élément de la vie et de la salubrité domestique, contre ces pratiques ablutoires, si utiles à la santé, et qui finiront par s'introduire chez nous comme elles existent déjà depuis long-temps chez nos voisins d'outre-mer.

Ainsi que nous, ils ont commencé par être tributaires des porteurs d'eau, aussi incommodes dans nos intérieurs, que dans les rues où nous les rencontrons à chaque pas, et où leurs cris et les bruits de leurs tonneaux se joignent si désagréablement au surcroît des obstacles qu'ils mettent à la circulation publique.

Nous ne pousserons pas plus loin ces considérations; présentons maintenant les faits nouveaux que nous avons recueillis dans notre dernier voyage, et qui pourront servir de point d'appui aux observations que chacun pourra faire dans l'intérêt du succès de l'entreprise, intérêt auquel l'exposé de ces faits nous a paru se rattacher essentiellement.

## LONDRES.

Comme nous avons déjà donné des détails assez étendus sur les différentes compagnies en possession de la distribution des eaux à Londres, et sur le système suivi dans cette ville, système dont le principe général est adopté par toutes les autres villes du Royaume-Uni où il y a distribution d'eau (1), nous ne nous occuperons ici que des objets nouveaux, des recherches auxquelles nous nous sommes livré dans notre dernier voyage.

Nous avons eu pour objet, dans ces recherches, de reconnaître par nous-même le mécanisme pratique de la distribution de l'eau à domicile, la nature de celle que les propriétaires lui font ensuite subir dans l'intérieur de leurs maisons, le degré de sa clarification avant qu'elle y soit versée par les conduites, le produit de force des machines à vapeur comparé avec le combustible consommé, les procédés employés dans le temps des gelées pour pourvoir aux besoins les plus pressans, et une infinité d'objets de détails sur lesquels il nous avait paru essentiel d'être éclairé par les faits avant l'époque à laquelle on pourrait se trouver aux prises avec les difficultés d'exécution. Certes il vaut mieux être éclairé d'avance par l'observation que de rester exposé aux tâtonnemens, et aux essais longs et dispendieux qu'entraîne toujours le manque d'expérience.

Le service de la distribution des eaux à Londres ne dépend pas seulement du système des conduites, de leurs dispositions et des rapports de leurs dimensions respectives ; comme l'eau y est élevée au moyen de machines à vapeur ; comme de plus les orifices d'écoulement sont placés dans différens plans, soit par suite du relief du sol, soit aussi par suite des hauteurs très variées auxquelles les par-

---

(1) Voir à la préfecture, pour plus de détails, le mémoire instructif joint à notre projet de la distribution des eaux de l'Ourcq, l'extrait de ce projet donné dans le *Bulletin universel* pour la propagation des connaissances scientifiques et universelles, cinquième section, tome v, 1826, et celui du rapport fait en 1828 à la chambre des communes, dans le même bulletin, sixième section, sciences géographiques, économie publique, voyages, etc., tome xiv (1er vol. supplémentaire de 1828), enfin le journal des ingénieurs civils, cinquième livraison, janvier 1829.

ticuliers la portent, l'économie dans la dépense des machines, la régularité, la promptitude et la sûreté du service reposent entièrement sur la manière de manœuvrer les instrumens de la distribution.

Pour bien la connaître, nous avons suivi, accompagné de l'inspecteur des eaux (1) de la compagnie *Grand Junction*, la distribution de deux des arrondissemens de cette compagnie, en bas et en haut service, ceux dits *Lower* et *Middle districts* (2); nous avons commencé par tracer, sur un plan de la même échelle que celui de la compagnie, toutes les conduites de divers ordres qui formaient le système de la distribution, et M. Anderson avait eu l'obligeance de nous faire préparer d'avance les tableaux des différens services sur lesquels nous avons inscrit le temps pendant lequel chaque tuyau restait ouvert, et les observations que nous avons eu occasion de faire à ce sujet.

Nous n'entrerons pas dans tous les détails de cette opération importante, et nous ne transcrirons pas toutes les notes que nous avons prises pendant le cours de notre tournée et que nous enregistrions au fur et à mesure, dans le meilleur ordre possible; nous dirons seulement que dans le bas service, qui est appelé service général et est fait au moyen des réservoirs, lequel commence à cinq heures du matin en été, à six heures en hiver, et finissant à huit et à neuf, dure environ

Manière dont se fait la distribution.<br><br>Bas service.

---

(1) M. Hugues, homme d'une grande intelligence, et qui a mis un soin particulier à nous faire remarquer tout ce qui pouvait présenter un intérét particulier, et à faciliter nos observations.

(2) M. Anderson avait commencé par obtenir le consentement du comité d'administration qui a mis, ainsi que son honorable président M. Clay, toute l'obligeance, toute la libéralité possible dans la manière dont nos desirs ont été accueillis; nous avons obtenu non-seulement cette permission, mais encore celle de travailler dans la salle de réunion du conseil d'administration, et d'y compulser tous les registres et dessins qui concernaient le système de la distribution.

trois heures, le fontainier du district dit *Lower* a ouvert devant nous trente à quarante robinets, et a distribué l'eau à douze cent cinquante maisons environ, réparties sur une surface moyenne de 215,171 mètres (1) ; que dans celui du district dit *Middle*, le fontainier, aidé d'un ouvrier, appelé *assistant*, a ouvert dans le même espace de temps, c'est-à-dire toujours environ trois heures, cinquante-huit robinets, et distribué l'eau à deux mille deux cent quinze maisons, réparties sur une surface de 531,925 mètres.

Quant au haut service qui commence à neuf heures et finit, soit entre deux et trois heures, soit entre cinq et six heures, suivant que l'arrosage permet de le faire sans discontinuer, ou force de l'interrompre, nous avons vu ouvrir, pendant cet intervalle de six heures, environ vingt-quatre robinets dans le district appelé *Lower,* et distribuer l'eau à quatre cents maisons, de même que pendant cet espace de temps le fontainier du *Middle district* a ouvert, dans la partie dont nous avons suivi le service, environ vingt-six robinets, et distribué l'eau à quatre cent cinquante maisons : on ouvrait ensemble à-peu-près cinq à six robinets.

Il y avait arrosage le jour où nous avons suivi le haut service de ce district, en sorte qu'il a été interrompu vers midi, repris entre deux et trois heures, et terminé sur les six heures et demie.

Les tuyaux restaient ouverts en haut service une heure, une heure et demie et même deux à trois heures.

La seconde partie de ce même service, qui a été faite un autre jour, a duré douze heures : on a ouvert à-peu-près le même nombre de robinets que dans la première ; il en a été ainsi pour ceux qu'on a ouverts ensemble, et cela suivant les localités et les difficultés plus ou moins grandes que présentait le service. Le nombre

---

(1) Nous avons pris les mesures sur le plan, en sorte que l'on ne doit regarder ces résultats que comme des approximations.

des maisons qui ont reçu l'eau dans cette partie a été de cinq cent soixante.

Nous ne finirions pas si nous voulions entrer dans le détail de tous les soins pris par les fontainiers, pendant le cours de leur service, pour s'assurer, d'une part, que chacun est satisfait, pour empêcher, d'autre part, qu'il ne se commette des abus, enfin pour régler les ouvertures des robinets en raison des situations dans des plans plus ou moins élevés, soit des maisons, soit des réservoirs. L'oreille placée sur l'extrémité de la clef, ils acquièrent l'habitude d'apprécier la nature de l'écoulement qui se fait par un tuyau de service; ils jugent si l'eau y coule à plein tuyau, ou si elle éprouve une contraction à la rencontre du robinet. Sont-ils dans le haut service, comme ils connaissent le réservoir le plus élevé de l'arrondissement, ils s'y transportent, et après s'être assurés qu'il est plein, ou avoir vérifié le jeu du trop plein dans ceux de ces réservoirs qui sont munis d'un appareil de ce genre, ils savent s'ils doivent fermer le robinet du tuyau de service, ou le laisser encore ouvert (1). Ils ne manquent point non plus d'ouvrir de temps en temps le bouchon dit *fire plug* pour donner écoulement à l'eau sur le pavé, jusqu'à ce que le tuyau étant purgé des petits dépôts qui pourraient s'y être formés, l'eau en sorte claire et entièrement pure. Comme ils établissent leur demeure au centre de leur district, ils ont soin de rentrer de temps en temps chez eux pour savoir s'il y a eu quelques réclamations, et y faire droit de suite, si elles portent sur le service de la distribution.

C'est en suivant ces opérations que nous avons été à même de reconnaître l'erreur des personnes qui pensent que l'eau n'est servie



---

(1) C'est ainsi qu'en suivant le haut service du *Middle district*, nous nous sommes transporté à une maison de *Saville street*, dont le réservoir se décharge dans un tuyau de descente pour la pluie, afin de savoir si ce réservoir était plein; nous en avons fait autant à *Davy street*.

4.*

qu'à la hauteur du sol des cuisines, *kitchen floor*, dont le plan, comme on le sait, est à 3 mètres environ au-dessous de la chaussée; un grand tiers des maisons, celles d'une certaine importance, reçoivent l'eau dans les étages supérieurs; nous en avons vu même dont les réservoirs sont placés sur les toits; l'eau y est portée dans toutes les parties de l'habitation (1); partout nous avons demandé si l'on en éprouvait quelque inconvénient, et nulle part on ne s'est plaint. Ainsi, ayant été visiter, sous les auspices de M. Knowls, le Musée de la marine, à *Sommerset House*, établissement immense qui appartient au gouvernement, et dans lequel se trouvent réunies la Société royale, l'Académie des arts, la Société des antiquaires et celle géologique, le Bureau de marine, la Commission des vivres, la Trésorerie, le Timbre royal, etc., cet officier de la marine, dont l'obligeance égale le mérite, nous a dit que les vingt ménages qui y sont logés reçoivent l'eau dans tous les points de leur habitation, et que depuis trente ans qu'il est attaché à cet établissement, il n'a entendu parler d'aucun inconvénient résultant de cette disposition dont chacun se loue au contraire comme d'un bienfait sans prix.

La longueur des tuyaux de service est de 6,800 mètres, dont 5,050 mètres pour le bas service, et 1,750 pour le haut service.

*L'eau circule dans l'intérieur des maisons.*

---

(1) Nous sommes monté dans une maison de bains, *S. James Street*, *Lower district*, où l'eau est élevée à près de 20 mètres au-dessus du pavé, et est portée de là à tous les points de ce vaste établissement dans lequel elle circule en tous sens. Nous sommes également monté dans la maison dite *Alfred club*, qui est celle dans laquelle nous avons vu les réservoirs sur les toits, et nous en avons remarqué trois autres appartenant à des maisons voisines et situées de même; enfin nous avons les plans, coupes et élévations de plusieurs des maisons dans lesquelles l'eau est ainsi distribuée, et notamment celle dite *Alfred club*. Nous devons ces détails à l'obligeance de M. Donaldson que nous avons déjà eu l'occasion de citer, et également à M. Gutch, architecte, qui a bien voulu nous donner la coupe d'une des maisons du quartier neuf de Paddington, dont on lui doit les projets qui sont en exécution sous sa surveillance.

La longueur totale des conduites principales est 1,250 mètres.

M. Anderson a fait au comité directeur de la compagnie un rapport dans lequel il propose, comme moyen d'économie, de multiplier le nombre des tuyaux séparés pour le haut service.



La longueur des tuyaux de service est de 12,810 mètres, dont 11,400 mètres pour le bas service, et 1,410 mètres seulement pour le haut service; mais, comme on l'a dit plus haut, M. Anderson est d'avis d'augmenter le nombre de ces tuyaux séparés.

La longueur des conduites principales est de 3,400 mètres.

Le bas et le haut service de ce district sont faits en deux fois, et la plus grande partie des maisons ne reçoivent, en conséquence, l'eau que trois fois la semaine, règle qui s'étend en général à tout le service, sauf quelques exceptions.

Ainsi, par suite de ces exceptions, les conduites des établissemens industriels, étant branchées directement sur les conduites principales, jouissent de l'eau non-seulement tous les jours, mais aussi jour et nuit.

Quoique l'eau de la Seine soit à-peu-près au même degré de pureté au-dessous comme au-dessus de Paris, et habituellement claire pendant la plus grande partie de l'année, nous avions jugé, ainsi que nous l'avons déjà dit, qu'il était convenable : 1° de faire toutes les prises au-dessus de Paris, 2° de laisser l'eau déposer dans des réservoirs, d'où elle serait reçue par des filtres qui la transmettraient aux conduites. En effet, notre pensée ne s'arrêtait pas au moment présent, elle envisageait l'avenir, elle se portait à cette époque où chaque rue de Paris ayant un égout, comme cela existe à Londres et dans les autres villes d'Angleterre, à cette époque où nos insalubres fosses d'aisance, transformées en *water closets*, continuellement lavées, soit par le trop plein des réservoirs des maisons, soit par l'émission à la main d'une large quantité d'eau, entraînant aussitôt hors des habitations le moindre germe d'infection; où les établissemens industriels se trouvant multipliés de toute part, à cette

époque enfin où les rues étant journellement débarrassées par les
quatre mille pouces des eaux de l'Ourcq qui couleront sur leur
surface, des boues de l'hiver et de la poussière de l'été; la partie
du cours de la Seine qui traverse Paris recevra une immense quantité d'immondices, dont enfin nous serons débarrassés au profit de
la salubrité publique, objet de la sollicitude infatigable de l'administration de la ville et du magistrat placé à sa tête.

Quant à la condition de filtrer l'eau, je remarquais que maintenant nous avons contracté l'habitude de ne la présenter sur
nos tables que dans cet état de pureté et de clarté que l'on ne
peut obtenir autrement; que cette habitude imposait alors aux
compagnies l'obligation, dans leur intérêt même, de satisfaire ce
besoin nouveau, en nous affranchissant aussi du soin d'avoir deux
espèces d'eau, en même temps que de l'embarras causé dans nos
maisons, et dans nos rues, par les porteurs d'eau, soit à bras, soit à
tonneaux.

Nous ne pouvions, d'un autre côté, perdre de vue ce qui vient de
se passer à Londres à cet égard (1), de même que nous n'avions
pas oublié qu'à Glascow une des deux compagnies en possession de
la distribution des eaux avait été obligée de changer à grands frais
l'emplacement de ses machines et de ses établissemens, placés au-
dessous de la ville, pour les reporter en dessus et dans le voisinage
de ceux de l'autre compagnie rivale. (2)

---

(1) Voir l'extrait que nous avons donné du rapport fait à la chambre des communes en 1828, *Bulletin universel pour la propagation des connaissances scientifiques et industrielles*, sixième section, sciences géographiques, tome 1ᵉʳ supplémentaire, 1828, et le *Journal du génie civil*, cinquième livraison, janvier 1829.

(2) C'est ici le moment de faire connaître la réponse que me fit M. Clay, directeur
de la compagnie *Grand Junction*, à Londres; je venais de lire dans les journaux

En outre, la question de la filtration de l'eau nous avait déjà occupé lors de la rédaction du premier projet dont nous avions été chargé, celui de la distribution des eaux de l'Ourcq; enfin cette question excitait d'autant plus notre curiosité et notre intérêt que notre honorable ami, M. d'Aubuisson, ingénieur en chef des mines, s'en occupait de son côté à Toulouse, et appelait souvent notre attention sur cet objet. Nous avons donc cru devoir l'examiner de plus près que dans notre premier voyage, en commençant par Londres.

Ceux qui ont lu l'extrait que nous avons donné du rapport fait, en avril 1828, à la chambre des communes, sur la distribution des eaux à Londres, rapport provoqué par suite des plaintes élevées contre leur qualité, soit le rapport lui-même, ainsi que celui de juillet même année, ont pu remarquer que la filtration de l'eau avait été signalée comme le moyen de faire cesser la cause de ces plaintes; ils ont remarqué aussi les détails intéressans donnés par M. l'ingénieur Simpson concernant cette opération; ils ont dû voir que cet ingénieur distingué, après avoir observé ce qui avait été fait à cet égard dans le nord de l'Angleterre, et notamment à Glascow (1), avait commencé par construire, avant son départ, un filtre

---

l'annonce d'un projet du comité d'administration dont le but était de changer la prise d'eau actuelle qui est à Chelsea, et d'établir un filtre. Comme la maison que j'habitais recevait l'eau de cette compagnie, que j'avais trouvée très bonne (et je dois dire de plus que c'était ma boisson habituelle), je témoignai à M. Clay mon étonnement de voir la compagnie faire une dépense de près de 2,000,000 pour cette opération; l'*eau doit être comme la femme de César*, me répondit fort tranquillement M. Clay, avec ce sourire aimable qui devait accompagner une réponse aussi délicate. Je ferai observer, en outre, que depuis deux ans cette compagnie, qui avait déjà deux réservoirs, en a fait construire un troisième pour donner à l'eau le temps d'un dépôt complet avant d'être distribuée. Les réservoirs contiennent ensemble la provision de huit jours.

(1) Nous parlerons à l'article de la distribution des eaux de cette ville des divers essais que l'on y a faits sur la filtration des eaux.

d'essai sur des dimensions suffisantes pour le mettre à même de fixer ses idées, et que, d'après le résultat des observations faites par M. Simpson dans son voyage, et celui qu'il avait obtenu du filtre d'essai, la compagnie était dans l'intention d'en construire un capable de fournir à l'approvisionnement de tout l'arrondissement dont elle était chargée

C'est ce dernier filtre que nous avons observé avec le plus grand soin, et dont nous allons donner une idée.

Filtre qui est établi et en activité à Londres. L'ensemble de l'établissement qui est formé à **Chelsea**, sur les bords de la Tamise, se compose d'un réservoir et du filtre proprement dit. Le réservoir, dans lequel l'eau de la rivière est élevée au moyen d'une machine à vapeur, peut avoir 3,000 mètres de surface, et le filtre 3,5/2 ; le premier domine le second de 2 mètres 50 centimètres environ, et lui fournit l'eau qu'il doit épurer, après qu'elle s'est débarrassée, par le dépôt, de la majeure partie des matières qu'elle tient en suspension.

A cet effet, la levée qui sépare le réservoir du filtre est traversée, dans le sens de sa longueur, par un aqueduc dans lequel aboutissent deux tuyaux de fonte partant du réservoir, tuyaux dont chacun est muni en tête d'un robinet-vanne ( *valve cock* ).

Dans le fond du filtre sont établis parallèlement entre eux des tuyaux formés de briques, entre lesquelles on a ménagé les intervalles nécessaires pour que l'eau s'y introduise ; tous ces tuyaux aboutissent à un autre dont le diamètre est plus grand, et qui est établi à l'extrémité opposée du filtre ; deux autres tuyaux, du même diamètre que ce dernier, sont établis le long des côtés du bassin, et tous les trois sont placés sur une surface gauche ou suivant un plan de pente continue qui se porte vers un puits où se rendent les eaux filtrées ; ce puits communique avec un canal qui mène l'eau à la bâche des machines à vapeur chargées, soit de l'envoyer dans des bassins de pression, soit de la pousser directement dans les conduites.

Les tuyaux sont recouverts de plusieurs couches de gravier et de

sable de nature et de grosseur diverses, formant une suite de vallées ou lits, dont l'étendue et le nombre sont déterminés par la distance des tuyaux entre eux, et par le nombre de ces derniers : le
filtre de Chelsea présente neuf lits.

L'eau est amenée dans chacun de ces lits par des tuyaux de fonte
partant du canal ouvert sur la levée, et munis également en tête
d'un robinet vanne ; une planche d'une certaine longueur reçoit le
premier choc de l'eau, qui s'étend ensuite dans chaque lit, et finit
par ne plus former qu'une nappe tranquille ; elle se met en charge
sur le sable, et le traverse pour se rendre dans les tuyaux, et de
là dans les puits de distribution.

Mais la communication entre ce puits et le canal qui conduit aux machines à vapeur, chargées d'envoyer l'eau dans la ville,
est établie au moyen d'une vanne régulatrice qui en détermine la
charge *water head* sur le filtre ; et c'est de la manière de manœuvrer cette vanne que dépend le produit de la filtration (1) ; c'est aussi
à l'emploi de ce procédé qu'est due la qualité plus ou moins bonne
de l'eau, envisagée sous le rapport de la quantité d'air qu'elle contient, point d'une grande importance, et que nous avions eu en
vue dans le système de filtre que nous avions proposé pour
la distribution des eaux de l'Ourcq ; ce fut même à l'occasion du
système que nous proposâmes, que M. le baron de Prony fit pendant l'examen de notre projet, une de ces remarques si judicieuses
qui sortent toujours de sa bouche : « Ce sont les pauvres, dit M. de
Prony, qui boivent la meilleure eau, parce qu'ils puisent celle qui
est à la surface des grands pots qui leur tiennent lieu de fontaine,
et ont ainsi l'eau qui est la plus chargée d'air. »

Il nous a paru encore très important de nous assurer, par nous- Produit de force

---

(1) Il résulterait des renseignemens que nous avons recueillis que la filtration se
fait convenablement lorsqu'elle est réglée à raison de 2,600 litres par mètre carré et
par jour.

des machines à vapeur , comparé avec le charbon consommé.

même de la dépense, des moteurs ou de la quantité d'action que ces instrumens donnent, comparée à celle du combustible qu'ils emploient, et nous avions formé le projet d'aller observer les machines à vapeur si renommées des mines de Cornwall, dont une, entre autres, était annoncée dans les rapports de 1828 comme élevant 74,000,000 de livres à un pied de hauteur, en ne consommant qu'un boisseau de charbon (1), données d'où l'on conclut qu'un kilogramme de houille, confié à cette machine, produit 284 unités, résultat immense, comparé avec celui que nous obtenons de nos machines; mais il nous a été impossible de trouver le temps de réaliser ce projet. Nous nous sommes donc borné à observer les machines de la *Grand Junction*, à *Chelsea*, ou du moins une des machines de cet établissement; en profitant, à cet égard, de l'obligeance de M. Anderson, qui a mis d'autant plus d'empressement à nous seconder, que nous répétions une expérience qu'il avait déjà faite, et dont le résultat que nous avions communiqué à M. Genieys avait été consigné par cet ingénieur dans son ouvrage déjà cité.

L'expérience a duré deux heures.

La machine qui nous a servi à la faire est dite de 100 chevaux; elle a été construite dans les ateliers de MM. Watt, et elle travaille à basse pression, sous celle d'une atmosphère et un quart environ;

---

(1) Voir les ouvrages périodiques précités. On y trouvera qu'une de ces machines produirait 284 unités, ou élèverait 284 mètres cubes d'eau à un mètre de hauteur en ne consommant qu'un kil. de charbon, et nous avons regardé ce produit comme très fort, mais nous devons faire observer que l'on calcule l'eau élevée d'après le nombre des levées des pompes et leur diamètre; or il résulte de l'expérience dont nous allons donner les détails que le produit effectif des pompes, comparé avec celui que fournit ce calcul, n'a donné que les 75 centièmes de ce dernier, et l'on doit présumer que les pompes des mines ne sont pas mieux entretenues que celles de l'établissement de la compagnie *Grand Junction*, d'où l'on peut aisément ne prendre que les 75 centièmes du produit annoncé, ce qui le réduirait à 213 unités.

elle est cependant à détente; la détente avec laquelle la machine tra-
vaillait au moment où nous l'avons observée paraissait être d'un
tiers de la course du piston. On sait que le chauffeur fait varier
continuellement la détente, en raison de l'indication de l'instru-
ment dit *hang pump*.

Suivent ici les données diverses que nous avons recueillies dans
l'intérêt de cette question importante.

Diamètre du cylindre de la machine à vapeur dite de
100 chevaux. . . . . . . . . . . . . . . . . . . .     $1^{m.}62$

Détente un tiers de la hauteur de la course.

Diamètre des pompes qui élevaient l'eau. . . . .     $0^{m.}711$

Hauteur de la course. . . . . . . . . . . . .     $0^{m.}92$

Nombre de levées opérées pendant l'expérience. .     $1,745$ »

Quantité de charbon brûlé. . . . . . . . . .     $465^{kil.}65$

Surface du bassin qui a reçu l'eau, mesurée à une
hauteur moyenne. . . . . . . . . . . . . . . .     $13,669^{m.}11$

Hauteur de la couche d'eau reçue. . . . . . .     $0^{m.}08896$

Hauteur à laquelle l'eau a été élevée, prise entre la
hauteur moyenne de la marée, pendant l'expérience
et le centre de l'orifice du tuyau alimentaire. . . .     $32^{m.}308$

Longueur de la conduite entre le réservoir d'air
comprimé et l'orifice. . . . . . . . . . . . . .     $4,028^{m.}$ »

Diamètre moyen de la conduite. . . . . . . .     $0^{m.}635$

*Nota.* Cette conduite change six fois de direction dont trois fois
en faisant un angle droit.

En appliquant le calcul à ces données, nous avons trouvé que la
quantité d'action employée seulement pour élever l'eau était de
84,50 unités dynamiques (1), et en ajoutant à cette partie du travail de la machine celui qui est nécessaire pour vaincre la rési-

---

(1) Nous avons dit plus haut que nous entendons par unité dynamique 1 mètre
cube d'eau élevé à 1 mètre de hauteur.

stance que l'eau éprouve dans son mouvement, soit contre les parois, soit dans les coudes du plan horizontal et du plan vertical, on arrivera au résultat que nous avons déjà conclu des données que M. Anderson avait eu l'obligeance de nous communiquer, et qui sont tirées de ses propres expériences, ainsi que nous l'avons dit plus haut. (1)

Moyens employés dans les temps de forte gelée.Beaucoup de personnes se sont demandé comment on pourvoirait aux besoins des habitans dans le temps des fortes gelées, telles, par exemple, que celles dont nous avons été témoins l'hiver dernier; nous devons nous empresser de dissiper les doutes, et faire cesser les craintes qui se sont élevées à cet égard.

Il existe deux moyens : le premier consiste à mettre en décharge les conduites particulières après le service journalier, et à se contenter dans la journée de l'eau tirée des réservoirs dans lesquels elle ne gèle tout au plus qu'à la surface; on pourrait encore, pour diminuer autant que possible l'assujétissement de la mise en décharge des conduites particulières, se réduire, dans ces momens, à un service de deux jours l'un, au lieu du service journalier.

Le second moyen, celui qui est usité à Londres pour les personnes qui veulent éviter l'inconvénient de la mise en décharge continue, consiste à placer dans chaque rue, et pendant certaines heures de la journée, un tuyau debout, en bois, tuyau nommé *stand pipe*, terminé par un robinet, tuyau que l'on introduit dans la tubulure du *fire plug*, bouche à feu; alors chacun envoie, ou va chercher lui-même sa

---

(1) Nous avons eu la curiosité de comparer ici le produit effectif des pompes avec celui que donne le calcul, et nous avons trouvé que le premier n'était que les 0,75 centimètres du second. Ce résultat s'accorde avec celui que nous avions obtenu des pompes de la machine du Gros-Caillou, lorsque M. le baron de Prony a bien voulu nous inviter à l'aider dans ses expériences sur cette machine, mais nous ne croyons pas inutile de faire observer que ce produit peut être amélioré et porté aux quatre-vingt centièmes indiqués par le calcul.

provision d'eau pour la journée. Cette mesure s'exécute avec la plus grande facilité et diminue autant que possible les inconvéniens inévitables dans les jours rigoureux de l'hiver. Quel que soit le mode adopté pour se procurer de l'eau, ces temps de gelée nous imposent bien d'autres embarras, bien d'autres sacrifices auxquels pourtant nous nous sommes jusqu'ici résignés.

Nous venons de remplir le premier engagement que nous avions pris à l'égard de la distribution des eaux dans la ville de Londres; nous allons quitter cette capitale pour présenter succinctement le résultat des autres observations que nous avons faites entre Londres et Edimbourg.

Nos recherches ont porté, comme à Londres et dans ses environs, sur beaucoup d'autres objets qui se rattachent à l'art de l'ingénieur, tels que le pavage des villes, les routes qui les réunissent, et les moyens employés pour les tenir dans un état d'entretien qui n'a pas cessé d'exciter notre admiration pendant les cinq cents lieues que nous avons parcourues.

Notre attention s'est également dirigée sur les constructions de divers genres, ponts, ports de mer, édifices publics, égouts enfin, sur les chemins de fer (*rails ways*) (1), objet qui plus que jamais occupe nos voisins (2), et n'est pas loin d'opérer chez nous une révolution dans les divers moyens de communication qui ont été en usage jusqu'à ce jour. Nous tâcherons de faire connaître plus tard les détails que nous avons recueillis sur ces autres objets.

---

(1) Nous ne pouvons parler de ces chemins de fer sans recommander à l'attention des ingénieurs l'ouvrage intéressant que MM. Coste, ingénieur des mines, et Perdonnot, ancien élève de l'Ecole polytechnique, viennent de publier sur ce genre de constructions.

(2) Entre les *rails ways* que nous avons observés, nous citerons celui de Stokton à Darlington, sur lequel nous avons voyagé dans une voiture publique *stage coach*, entre Stokton et Darlington, et celui qu'on construit de Manchester à Liverpool.

## MANCHESTER.

Manchester est la première ville vers laquelle nous nous sommes dirigé en quittant Londres : nous commencerons donc par donner connaissance des détails que nous avons recueillis dans cette ville, concernant la distribution d'eau qui s'y fait, et nous passerons ensuite, successivement, à Liverpool, Glasgow, Greenock et Edimbourg.

On a commencé à Manchester, comme à Londres, par employer des tuyaux de bois pour la distribution des eaux : vint ensuite une compagnie formée de propriétaires de carrières qui eurent l'idée, dans l'intérêt de l'industrie qu'ils exerçaient, d'employer des tuyaux de pierre, aussi cette compagnie fut-elle appelée par le peuple *stone company*.

L'eau distribuée était tirée de la rivière de Meldok dont on avait barré le lit à une demi-lieue environ au-dessus de la ville; au moyen de cet artifice l'eau se rendait par sa pente naturelle dans des réservoirs de dépôt d'où elle coulait le long d'une galerie couverte ( *tunnel* ), creusée dans le roc, vers la bâche d'une machine à vapeur de soixante chevaux, qui l'élevait de cette bâche dans un réservoir attenant au bâtiment de la machine à vapeur.

Ce réservoir, qui existe toujours et peut avoir 2 hectares et demi de surface, est construit en terre avec beaucoup de soin; les talus ont une inclinaison de deux fois leur hauteur; ils sont revêtus de perrés; l'eau y est maintenue à 25 mètres environ au-dessus de celle de la Meldok devant le barrage dont nous venons de parler.

C'est de ce réservoir que les eaux furent mises en charge sur les nouvelles conduites; mais on ne tarda pas à s'apercevoir des inconvéniens et de l'impuissance de ce système; les conduites, cédant sous la charge malgré tous les essais tentés pour en diminuer les effets, éclatèrent en morceaux ou laissèrent passer l'eau, soit à travers les joints, soit à travers les pores de la pierre (1), et bientôt les actions

---

(1) Chaque bout de tuyau avait 1 mètre 50 cent. de longueur, et leur diamètre

entièrement dépréciées passèrent vers 1817 entre les mains d'autres propriétaires qui obtinrent un nouveau bill du parlement toujours sous le titre de *Manchester water works company*.

Ces nouveaux actionnaires s'empressèrent de remplacer la pierre par de la fonte, en profitant des perfectionnemens apportés dans la forme et la pose de ce genre de conduites.

Ils s'occupèrent ensuite, il y a environ quatre ans, de substituer aux eaux de la Medlok des eaux d'une autre nature, et, à cet effet, ils firent l'acquisition, à Gorton, à une lieue et demie environ de Manchester, de soixante acres de terrain (ou vingt-quatre hectares), dont ils formèrent un vaste réservoir, plus élevé de 9 à 10 mètres que le premier.



Ce réservoir, que nous avons été visiter avec M. Paton (1), em-

intérieur variaient depuis 45 cent. jusqu'à 4 cent., ceux de 45 cent. avaient 15 cent. environ d'épaisseur. Mais nous devons dire que la pierre qui a été employée, et dont nous avons soumis un échantillon à l'examen de M. Elie de Beaumont, ingénieur des mines, est une pierre calcaire oolitique, dont le ciment est faiblement ferrugineux, et le grain un peu lâche. Nous faisons cette observation, afin que l'on ne tire aucune conclusion absolue contre le système de conduites en pierres.

(1) Nous ne pouvons nous dispenser de payer ici le tribut de reconnaissance que nous devons à M. Paton pour l'obligeance qu'il a mise à nous donner tous les renseignemens à sa connaissance, et à M. Joseph Smith, qui n'a pas cessé de nous accompagner pendant notre séjour à Manchester, et nous a mis en relation avec M. Paton. Nous en dirons autant de M. Collier, un des industriels les plus distingués de cette ville manufacturière, et frère de M. Collier, auteur des tondeuses, dont il nous suffit de citer le nom pour rappeler tous les services qu'il a rendus et ne cesse de rendre ici à notre industrie; enfin nous exprimerons nos vifs regrets de n'avoir pu rencontrer dans ses ateliers M. Heuves, fabricant de machines (*mill wright*) dont la réputation s'étend dans toutes les parties du Royaume-Uni. C'est chez M. Heuves que nous avons vu un moulin à vent qui, par un mécanisme extrêmement simple, vient au secours de la machine à vapeur chargée d'activer le travail de l'atelier, idée qui n'était cependant pas neuve pour nous, ayant eu l'occasion d'en suivre la mise à exécution à Asnières, en 1806, sur les dessins de M. le baron de Prony.

ployé près la compagnie, sous le titre de *actuary*, agent général , recueille toutes les eaux environnantes , soit celle des sources, soit celles provenant des égouts des terres , il est accompagné de divers travaux d'art parfaitement entendus et appropriés à leur objet, notamment aux servitudes auxquelles il est assujéti envers les propriétaires des terreins inférieurs,  et qui auraient été privés des moyens d'irrigation qu'ils avaient avant cet établissement, sans le parti qui a été pris pour la leur restituer.

Le système des conduites ne nous a pas paru offrir le même intérêt que les moyens employés pour se procurer de l'eau. Ces moyens, comparés avec ceux qui sont pratiqués en général à Londres, présentent cette différence dans le mode adopté à Manchester; les eaux partent d'un point élevé pour descendre et remonter vers les lieux à approvisionner , tandis que, généralement à Londres, on les pousse d'un point bas vers le lieu plus élevé de leur destination.(1)

Ce système de conduites n'offre pas cet ensemble de tuyaux subordonnés les uns aux autres et dont les dimensions varient selon une certaine loi, en imitant le mécanisme de la circulation du sang ; mécanisme admirable, devant lequel la pensée reste suspendue, et qui est si bien imité à Londres. La disposition générale se compose d'abord d'une conduite principale de 1,200 mètres environ de longueur, et dont le diamètre va en diminuant depuis o mètre 5o centimètres jusqu'à o mètre 25 centimètres; sur cette conduite on en a branché d'autres de différentes dimensions au droit de chaque rue. Il y a en tout environ 80,000 mètres de tuyaux, ayant depuis 5o centimètres jusqu'à 5 centimètres de diamètre.

---

(1) Cependant un des établissemens de Londres présente une exception sous ce rapport; c'est celui de la New River, qui a pris ce nom du canal dans lequel arrivent les eaux; ce canal a beaucoup de ressemblance avec celui de l'Ourcq. Il était alimenté dans le principe seulement par les deux fortes sources d'Amwell et de Chadwell ; mais le service de la distribution ayant augmenté, on a été obligé d'y joindre une dérivation de la rivière Lea.

Le service y est très difficile à faire, et l'on n'a pu diminuer les embarras qu'il présentait qu'en multipliant les robinets le long des conduites mêmes; le nombre des ceux qu'il faut ouvrir est de deux cents environ, manœuvrés par quatre fontainiers; ils ont besoin de beaucoup d'intelligence et d'attention dans le service, afin d'éviter les plaintes le plus possible.

Les robinets qu'on emploie sont à clapet, mais comme cette forme ne doit pas être imitée nous ne la décrirons pas.

Le service des quartiers inférieurs se fait au moyen du réservoir le moins élevé, depuis cinq heures du matin jusqu'à dix heures, et depuis une heure après midi jusqu'à cinq heures. Celui des quartiers supérieurs se fait par l'étang placé à *Gorton*, depuis dix heures du matin jusqu'à une heure; cet étang, comme nous l'avons dit, est supérieur de 10 mètres à l'autre réservoir.

La quantité d'eau distribuée journellement peut être de 4,620,000 litres, fournis à 15,000 maisons ou à 105,000 habitans. En admettant moyennement sept personnes par maison, ce résultat donnerait 44 litres par personne dans chaque maison.

Quantité d'eau distribuée par habitant.

Les uns ont des réservoirs, soit en pierre, soit en bois, garnis de plomb comme à Londres, ou tout simplement des tonneaux; les tuyaux qui les alimentent sont munis de robinets dont les uns sont manœuvrés par l'eau au moyen de flotteurs, et les autres à la main par les particuliers, qui doivent alors prendre le soin de les ouvrir pendant les heures de service et de les fermer lorsque le réservoir est plein. Nous avons vu chez M. Smith un réservoir en pierre dans lequel l'émission de l'eau est réglée par un flotteur; ce réservoir ressemblait beaucoup à nos fontaines à filtre, et il était en effet séparé en deux parties par une pierre de cette espèce. M. Smith avait en outre un vaste réservoir dans lequel il recevait l'eau de pluie pour le blanchissage; cet usage est assez répandu en Angleterre, et date de loin à Manchester, puisque dans l'origine les habitans ne recevaient pas d'autre eau. Ce propriétaire était de plus abonné

Réservoirs et manière de recevoir l'eau.

aussi à raison de 6 schellings par an à de l'eau de puits pour la table et la cuisine; quant à celle qu'il recevait de la compagnie, il la payait 3o schellings par an, prix établi sur le loyer de sa maison, c'est-à-dire à raison de 4 1/2 pour o/o du montant de la location, suivant le taux fixé par l'acte du parlement qui a constitué la compagnie en corporation.

Il faut cependant observer que cette base n'est pas applicable aux établissemens industriels; mais les compagnies ne doivent jamais exiger de cette classe de propriétés au-delà de 7 1/2 pour o/o du prix de la location.



Outre la distribution dans les maisons, il s'en fait une dans les faubourgs qui est particulière à de petites fontaines d'un genre extrêmement simple; elles n'occupent que très peu de place, et la manœuvre en est aussi très facile, ces fontaines s'ouvrent au moyen de petites clefs légères et du volume d'une clef de pendule; l'on en délivre une à chaque propriétaire. Le prix de l'usage de ces fontaines est le même que celui qui est fixé pour les autres maisons, mais si la fontaine dessert deux ou trois maisons on paie sur le taux de leur location réunie.

Tels sont les détails qui concernent la distribution des eaux à Manchester; nous devrions nous y arrêter pour ne pas sortir des bornes du plan que nous nous sommes tracé; cependant nous ne pouvons résister au besoin de dire un mot sur une petite machine à vapeur que nous avons vue fonctionner dans l'atelier du fondeur et tourneur en cuivre établi au milieu des chantiers de feu M. John Green qui a joui d'une grande réputation comme mécanicien.

Cette machine, livrée au public, seulement depuis un an, sous la raison *Rotary engine company*, offrirait la solution d'un problème depuis long-temps offert aux recherches des mécaniciens; on nous l'a présenté comme étant de la force de deux hommes. La pression faite sur le piston serait de 3o liv. par pouce carré, mesure anglaise, ce qui répond à deux atmosphères; elle est du système de Trewitik;

elle ne consommerait que 100 liv.=45 kil. de houille en douze heures de travail.

## LIVERPOOL.

Deux compagnies sont en possession de la distribution de l'eau à Liverpool, l'une connue sous la raison *Liverpool and Harrington company*, l'autre sous celle de *Liverpool bootle water works ;* celle-ci étant de peu d'importance, nous ne nous sommes occupé que de la première. (1)

C'est du sein de la terre que cette compagnie tire ses eaux ; l'autre les tire plus particulièrement de la surface en recevant dans des espèces d'étangs celles qui découlent des terres voisines. Ce dernier procédé se rapprocherait de celui qui est employé à Manchester, et dont nous venons de parler.



La première recueille donc ses eaux du sein de la terre le long de galeries très étendues creusées dans un roc de la nature du grès rouge, *red sand stone ;* le plan de pente générale de ces galeries aboutit vers un puits dans lequel sont placées des pompes, mues par une machine à vapeur, et destinées à élever les eaux.

---

(1) C'est à l'obligeance de M. Graham, ancien officier d'artillerie, chargé actuellement de la surveillance de cette distribution d'eau, que nous devons tous les détails que nous donnons ici, comme c'est à M. Stevenson fils, jeune ingénieur attaché aux travaux du port de Liverpool, et qui déjà répond au nom célèbre qu'il porte, que nous devons l'avantage d'avoir connu M. Graham.

C'est à Liverpool que nous avons également eu le bonheur de rencontrer M. Hartley, ingénieur du plus haut mérite, directeur des travaux du port de Liverpool, où nous avons trouvé M. Stevenson fils, en les visitant ; et c'est encore dans cette ville rivale de Londres que M. Stephenson, auteur du chemin de Liverpool à Manchester, et M. Forster, architecte, ont acquis, ainsi que M. Hartley, les droits les mieux fondés à notre reconnaissance.

6.*

La compagnie possède cinq établissemens de ce genre; le premier dit *Soho street,* le deuxième *Bevington bush,* le troisième *Berry street ,* le quatrième *Copperashill,* enfin le cinquième *Park on Harrington ;* ce dernier est situé dans une partie de la ville que la compagnie a été autorisée, par bill du parlement, à fournir, exclusivement à l'autre compagnie.

Quant à l'établissement *Berry street ,* il va être supprimé; des propriétaires d'usines établis dans le voisinage ayant creusé des puits dans un plan inférieur à celui de la galerie de la compagnie, cette opération en a considérablement diminué le produit.

Par un hasard heureux, au moment où nous visitions le port intéressant de Liverpool et ses *water works,* on était occupé à abaisser le plan de la galerie de *Harrington* pour en augmenter le produit; M. Graham eut l'extrême obligeance de nous offrir d'en faire la visite et de nous y accompagner. La description que nous allons en faire donnera une idée exacte de ce moyen de se procurer de l'eau, moyen qui est particulier à la ville de Liverpool, et notamment à la compagnie dont les travaux ont fixé notre attention. (1)

Le plan de cette galerie est à 150 pieds (45 mètres) au-dessous du sol de la cour de l'établissement. L'ensemble comprend le bâtiment de la machine à vapeur, des hangars, et un second bâtiment pour le machiniste, *engineer,* et les autres personnes employées au service de la machine à vapeur.

Description d'une des galeries d'où on tire l'eau.

Cette galerie est composée, comme dans les quatre autres établissemens, d'une tranchée principale de 75 mètres de longueur, et de cinq ou six autres beaucoup plus courtes qui viennent y aboutir comme autant d'affluens dans leur lit général; elles sont toutes creusées à-peu-près sur les mêmes dimensions. Quant à la largeur

---

(1) On dit que la compagnie rivale a aussi creusé une de ces galeries, mais la quantité d'eau qu'on en tire ne paraît pas bien constatée, non plus que la nature de la galerie.

et la hauteur, elles offrent une section moyenne de 12 pieds (3 mètres 60 cent.) sur 20 pieds (6 mètres); mais celle que nous avons vue, et dont on était occupé à abaisser le plan inférieur, devait, après le travail fini, avoir 28 pieds de hauteur (8 mètres et demie) environ; le plan de la galerie du milieu est, bien entendu, inférieur à celui des autres, et toutes alors alimentent ainsi un ou deux puits dans lesquels sont placées les pompes mues par les machines à vapeur; il n'y en avait qu'un dans celle que nous avons visitée. L'eau suintait à la surface des pieds-droits sur une hauteur environ de 50 cent. seulement, et dans quelques parties on la voyait former des sources qui jaillissaient à une petite hauteur au-dessus des points de rencontre des plans des pieds-droits avec celui du fond des galeries; nous en avons remarqué une, dans la galerie où se trouvait le puits, qui nous a paru fournir au moins 50 ou 60 pouces.

M. Graham nous a dit que l'on avait essayé de pratiquer des puits forés, à partir du fond de la galerie, et qu'on avait poussé les trous jusqu'à 12 à 14 mètres au-dessous de ce plan; mais ces puits ont fourni peu d'eau, ils ont fini par donner issue à celles qui provenaient des tranchées, et l'on s'est déterminé à les boucher.

Il résulterait des expériences qui ont été faites et des données que nous a communiquées M. Graham, que le produit moyen de chacune de ces galeries serait, d'après nos calculs, de 170 pouces; ainsi, les quatre qui seront conservées fourniraient 680 pouces, ce qui, proportion gardée avec la population qui peut être de cent cinquante mille âmes, ferait plus de 4 pouces $\frac{1}{2}$ par mille âmes; mais il résulte des détails qui nous ont été fournis que la consommation est loin d'être portée à ce point, c'est-à-dire à celui auquel elle s'est élevée à Londres. En effet, nous trouvons dans notre journal que l'on compte à Liverpool cinq personnes par maison, ce qui donnerait trente mille maisons, et que la compagnie fournirait l'eau aux $\frac{3}{5}$ (dix-huit mille maisons, ou quatre-vingt-dix mille habitans); d'un autre côté aussi elle délivrerait par semaine 3,724,466 gallons, dont

808,080 dans le quartier *Harrington* : ce qui, calcul fait, donnerait 5,91 gallons, ou 27 lit. $\frac{1}{2}$ par habitant. On conçoit que l'eau tirée
de 45 mètres de profondeur ne peut être distribuée avec la profu-
sion que comporteraient les autres moyens de se la procurer.



C'est dans cette ville, où l'eau circule partout et à toute hauteur, que nous avons été à même de juger du prix que l'on attache
à cette satisfaction chez nos voisins, et de la privation qu'ils
éprouvent sous ce rapport quand ils voyagent chez nous. Aussi
des habitans de Liverpool qui avaient séjourné à Paris nous firent-
ils voir avec un certain orgueil tous les détails de leur distribution
intérieure : ici deux robinets pour la toilette de monsieur, un pour
l'eau froide, l'autre pour l'eau chaude (1); là, deux autres robinets
pour la toilette de madame; ici le réservoir des *water closets* donnant dans la chambre à coucher même; là, une salle de bains dans
laquelle l'eau froide et l'eau chaude paraissent à chaque moment
de la journée aussitôt que les robinets sont ouverts; aussi les propriétaires ne purent-ils s'empêcher de faire quelques réflexions sur
la mesquinerie avec laquelle nous usons de l'eau à Paris, mais avec
ces ménagemens commandés par l'urbanité que nous avons trouvée
partout où nous nous sommes présenté.

Nous avons dit que l'eau se tire du sein de la terre au moyen de
machines à vapeur; chacun des établissemens possède une ou plusieurs de ces machines, les unes de trente chevaux, les autres de
vingt-quatre, et même seulement de seize; ces machines sont à
rotation et à double effet; une soupape règle la pression qu'elles
doivent opérer; cette soupape est chargée de 75 livres par pouce

---

(1) L'eau chaude est élevée par l'eau froide au moyen d'un procédé fort simple,
et qui est employé particulièrement dans les maisons de bains; nous le décrirons avec
les détails de tout ce que nous ne pouvons qu'indiquer ici, mais qui sont consignés
dans le journal de nos deux voyages. La dépense en combustible, de la maison où
nous avons remarqué cette recherche d'aisance et de luxe ne s'élève qu'à 19 à 20
kilogrammes de houille par jour.

carré, ce qui répond, d'après les mesures de nos voisins, à cinq atmosphères ou environ 51 mètres et demi ; cette pression donnera une idée de la force employée à activer la distribution, et l'on pourra reconnaître la nécessité de cette force, en faisant attention au système général des tuyaux.

Ce système en effet consiste en trois conduites principales dont une de 27 centimètres de diamètre, une de 24 et l'autre de 21, pouvant avoir ensemble une longueur de 19,000 mètres environ.

De ces conduites partent directement, à l'instar du système de Liverpool, des tuyaux de 13, 10 et 8 centimètres de diamètre, formant ensemble une longueur de 80,000 mètres environ ; en tête de ces tuyaux sont des robinets ; ils portent chacun deux tubulures à bouchons, *fire plugs*, placés aux deux extrémités de la rue. Ces tubulures sont ouvertes tous les jours, afin de nettoyer les tuyaux avant d'envoyer l'eau dans les maisons. On voit en face de ces tubulures, à l'instar de ce qui est pratiqué à Londres, des marques faites sur les murs pour indiquer, en cas d'incendie, la compagnie à laquelle appartient le tuyau ; on fera cependant observer qu'à Londres ce sont des plaques sur lesquelles se trouve, outre l'indication de la compagnie, la distance à laquelle est le *fire plug*.



Cette précaution était d'autant plus nécessaire à Liverpool, qu'il n'est pas rare qu'il se trouve six tuyaux dans une rue, deux de la compagnie Liverpool et Harrington, pour le service des eaux de ses deux établissemens deux autres tuyaux, pour le même service, appartenant à la seconde compagnie, et deux pour l'éclairage au gaz.

Les robinets qu'on emploie sont les robinets *butterflies* (papillons) appelés ainsi à cause de la figure que présente dans le plan horizontal, la partie destinée à fermer l'orifice, et qui rappelle en effet les ailes déployées d'un papillon. A Londres on a tout-à-fait renoncé à ces robinets.

Le service de la distribution dure douze heures ; chaque tuyau reste ouvert environ une heure, temps pendant lequel les particu-

liers doivent avoir le soin d'ouvrir leurs robinets, si, comme à
Manchester, ils ne sont pas munis de flotteurs; mais il y a une
amende de 5 schellings contre ceux qui laissent leurs robinets ouverts sans nécessité. Ce service n'a lieu que de deux jours l'un, dans
chacune des deux parties entre lesquelles l'arrondissement est par-
tagé; on y emploie six fontainiers opérant chacun par brigade,
composée de deux hommes; l'un ouvre le *fire plug* pour faire
couler la première eau jusqu'à ce qu'elle soit bien claire; l'autre
ouvre le robinet.

On doit observer que la compagnie fait encore le service du port,
et celui des *docks,* et qu'elle a établi pour ce service deux réservoirs,
l'un *Prussia street*, l'autre *New-Hall street.* Ces réservoirs sont formés en plaques de fonte, l'un à 17 mètres environ de longueur sur
4 de largeur, et 3 mètres 38 c. de profondeur, l'autre à 10 mètres
environ de longueur sur 5 mèt. 80 c. de largeur et 2 mètres 10 c. de
profondeur. L'eau se trouve dans ces réservoirs à 4 mèt. 20 c. au-
dessus du niveau de la haute mer dans les *docks.* D'autres fontainiers
font ce service particulier au moyen de tuyaux de cuir, munis d'une
boîte en cuivre, qui se visse sur des tubulures sortant des conduites. On voit tout le long du port beaucoup de boîtes contenant
ces tubulures.

Les tuyaux en cuir aboutissent aux bâtimens à approvisionner :
le prix de l'eau est réglé par un bill du parlement, en raison du
loyer des maisons; il est de 5 p. $\frac{2}{2}$ pour 8 liv. st. de loyer, $5\frac{1}{2}$ depuis 8 liv. jusqu'à 40, et de 5 pour les locations au-delà de ce taux;
les brasseries paient depuis 5 liv. sterl. jusqu'à 50 annuellement ;
chaque cheval paie 5 schellings, chaque vache 3 schellings.

## GLASGOW.

Deux compagnies sont en possession de la distribution des eaux
à Glasgow, celle dite *proprietors of the Glasgow water works*, con-

Réservoirs pour
le service du
port formés
de fonte.

Réglement du
prix de l'eau.

stituée par acte du parlement de 1806, et autorisée à faire des changemens et à étendre ses moyens par acte de 1819; l'autre, dite *Cramston hill*, constituée par acte de 1808, et également autorisée en 1809 à modifier et à étendre son entreprise. (1)

Nous commencerons par la première, qui est celle dont nous avons été le plus à même d'étudier et de recueillir tous les détails, et nous leur donnerons l'étendue que comportent les bornes de cette notice.

### *Company of proprietors of the Glasgow water works.*

Cette compagnie tire généralement ses eaux de galeries *Tunnel*, creusées le long de la rivière de Clyde sur la rive gauche, à 15 mèt. environ des bords, et concentriquement à un coude très prononcé

L'eau est tirée<br>de galeries<br>filtrantes.

---

(1) Nous nous empressons de payer ici le tribut de reconnaissance que nous devons à M. Hart, administrateur de la compagnie *Cramston hill*, qui déjà y avait acquis un droit bien fondé lors de notre premier voyage; nous en devons autant à M. Anderson, ingénieur de la première compagnie et neveu de celui de la *Grand Junction*, à Londres; il n'est aucune marque d'obligeance que ne nous ait donnée, aucune aimable attention que n'ait eue pour nous ce jeune ingénieur déjà vieux de ces talens et riche de cette capacité qui distinguent si bien son oncle, M. William Anderson, et son cousin de Londres; il nous a remis à Glasgow, comme MM. Anderson, père et fils, à Londres, des dessins nombreux de tous les détails les plus intéressans de l'établissement dont il surveille les travaux : filtres, machines à vapeur, robinets, tuyaux, etc., tout y est passé en revue.

Nous devons également parler des marques d'obligeance que nous avons reçues de M. Mac Kain, ingénieur de l'autre compagnie, sous les auspices de l'excellent M. Hart. Cet ingénieur nous a fait voir le plan général de distribution, et a bien voulu nous accompagner à l'établissement de la compagnie à *Dalmarnok;* là il nous a communiqué d'excellens détails sur la filtration des eaux, sur l'établissement actuel, et sur le système qu'il est occupé à substituer à celui dont une partie existait encore au moment de la visite que nous y avons faite, et que déjà nous avions étudié en 1824.

que forme cette rivièrè au lieu dit Dalmarnok (1), mais quelquefois, lorsque les eaux de la rivière sont très claires, elle les tire directement de son lit. Le développement des galeries actuelles peut être de 34o mètres; la section normale à la courbe présente la forme d'une ellipse dont le grand axe a 2 mètres 4o de longueur, et le petit 1 mètre 8o c.; les galeries sont construites en briques sur un seul rang ou 27 cent. d'épaisseur et posées à sec, jusqu'à la moitié de la hauteur; le reste est continué avec les mêmes matériaux, mais posées à bain de mortier; un claveau en pierre ayant également 27 cent. de tête ferme la partie inférieure.

Le fond de la galerie est placé à 3 mètres environ au-dessous du plan de la Clyde en eau basse; cette galerie peut produire 25o,ooo gallons à l'heure ou 115,5oo lit., 1445 pouces environ avec une tête d'eau de 1 mètre 5o cent.

M. Anderson, desirant obtenir une plus grande quantité d'eau, a eu l'idée d'ouvrir sur le terrain compris dans l'enceinte que forme la galerie actuelle, trois larges fossés dont le fond serait supérieur de 1 mètre 5o cent. environ à celui de cette galerie, et de faire entrer l'eau de la rivière dans ces fossés par chaque extrémité, au moyen de tuyaux poussés jusque dans son lit, et munis en tête, du

---

(1) Il est aussi dans l'intérêt de l'art que nous disions un mot de l'essai infructueux qui a précédé la réussite et déterminé l'emploi du procédé qui est pratiqué aujourd'hui. Dans cet essai on avait eu le projet de faire concourir ensemble, et le dépôt, et la filtration de l'eau. Dans ce but, on avait établi trois espèces d'étangs de 12o mètres de longueur sur 3o de largeur, et 1 mètre 5o c. de profondeur; ces étangs étaient élevés chacun de la même quantité, ou 1 mètre 5o c., l'un au-dessus de l'autre; enfin ils étaient séparés entre eux par des filtres dans lesquels l'eau circulait alternativement avant d'arriver au dernier réservoir; mais le vent agitant l'eau, le dépôt sur lequel on avait compté ne s'opérait qu'imparfaitement, et d'un autre côté l'eau sortait du sable sans avoir éprouvé un changement notable dans son état primitif; on fut donc obligé de renoncer à ce procédé, après avoir dépensé 6 à 7oo,ooo fr. en pure perte.

côté des fossés, de robinets destinés à être manœuvrés en cas de besoin. Enfin cet ingénieur a formé, entre ces fossés, des galeries semblables à celle d'enceinte, et les a mises en communication avec celle-ci ; ces galeries, qui sont placées au milieu d'un terrein sablonneux formant les rives de la Clyde, recevront facilement l'eau filtrée des fossés, et la joindront à celle qui afflue dans la galerie principale.

Par ce moyen la compagnie pourrait être à même de fournir toute la consommation de la ville. Aussi, lorsque nous avons visité les lieux, était-elle occupée à construire sur les bords de la Clyde, c'est-à-dire dans l'établissement que nous décrivons, un nouveau bâtiment destiné à recevoir deux machines à vapeur de soixante-dix chevaux, à basse pression, fabriquées dans les ateliers de M. Watt. Ce bâtiment, et deux autres dont l'un contient deux machines semblables, et l'autre deux de trente chevaux seulement chacune, forment l'établissement que la compagnie possède à Dalmarnok.

C'est de cet établissement, qui peut être appelé l'usine hydraulique, que partent les eaux destinées par la compagnie aux habitans qu'elle dessert, et qu'elles sont envoyées dans les réservoirs, soit directement, soit par l'intermédiaire de deux autres établissemens que possède encore la même compagnie.

De ces deux derniers, l'un est situé dans *Rotten row,* et l'autre dans *Duke street ;* l'établissement de *Rotten row* ne se compose que d'un réservoir couvert, qui est d'une forme et d'une construction assez bien appropriées à son objet. En voici les dimensions : environ 15 mètres de longueur sur 9 de largeur, et 4 mètres 30 cent. de profondeur. Il a été construit en maçonnerie, et est revêtu d'un enduit en *ciment Parker ;* on voit au-dessus du toit un *stand pipe* destiné à régler la pression ; le niveau de l'eau dans le réservoir est à 48 mètres environ au-dessus de la hauteur moyenne de la marée dans la Clyde ; il correspond à l'un des points les plus élevés de la ville : le sommet du *stand pipe* est placé à 56 mètres environ au-dessus du

7.

même point, et se trouve plus élevé de 8 mètres que l'eau du réservoir.

Quant au second établissement, celui qui est situé dans *Duke street,* il est beaucoup au-dessous de l'autre. Cet établissement se compose 1° de deux réservoirs; 2° d'un autre bâtiment dans lequel se trouve un autre petit réservoir qui joue seulement le rôle de bassin de pression, ce qui a fait donner à ce bâtiment le nom de *Forcing tower ;* 3° d'un autre bâtiment où sont deux machines à vapeur, l'une de vingt-six chevaux, l'autre de douze; 4° enfin d'un atelier où se font les divers ouvrages d'entretien.



Les deux grands réservoirs sont en maçonnerie et à découvert; ils sont seulement séparés par un mur de 5 à 6 mètres d'épaisseur; chacun d'eux peut avoir 57 mètres de longueur sur 28 de largeur; le niveau de l'eau est environ à 23 mètres et demi au-dessus du repère que nous avons choisi pour point de départ.

Le bâtiment dans lequel est renfermé le réservoir de pression contient en outre un système hydraulique remarquable par tous les moyens qu'il donne de manœuvrer, pour ainsi dire, les eaux poussées par les machines à vapeur de l'établissement de Dalmarnok, c'est-à-dire d'en faire varier et la direction et la pression, en les jetant alternativement dans diverses conduites, ou en leur donnant issue par des orifices placés à diverses hauteurs.

L'élévation de ce bâtiment entre le dernier plancher, celui qui porte le toit en terrasse, et le rez-de-chaussée, est de 15 à 16 mètres à-peu-près.

Le réservoir a 3 mètres 50 cent. environ en carré; le fond est formé de plaques de fonte; du milieu s'élève une espèce de *stand pipe* qui règle la limite de la pression de l'eau lorsqu'elle est forcée de dégorger par l'orifice supérieur.

Le niveau de l'eau, dans les réservoirs inférieurs, est à 23 mètres 50 cent. au-dessus du point de départ général; dans le bassin supérieur, il est à 32 mètres 60 cent., et l'orifice du *stand pipe* est placé à 34 mètres au-dessus du même point de comparaison.

C'est à l'aide des deux machines que l'on envoie l'eau des réservoirs dans celui de *Rotten street*, à une hauteur de 25 mètres au-dessus de ces derniers, et qu'on se procure une pression encore plus grande au moyen du *stand pipe* de ce réservoir, dont l'orifice est de 8 mètres au-dessus du dernier niveau.

Tels sont les principaux instrumens de la distribution de l'eau. Passons aux moyens secondaires ou au système de conduites, et, d'abord aux tuyaux qui portent l'eau recueillie dans les galeries aux baches des pompes mues par les machines à vapeur de l'établissement *Dalmarnok*. Il y a pour le moment deux de ces tuyaux, dont un pour chaque bâtiment de machine à vapeur : le premier a été posé en 1810, et l'autre en 1818; il a 38 centimètres de diamètre et le second 45 centimètres.

La galerie étant sur la rive gauche de la Clyde, et les bâtimens sur la rive droite, il fallait que l'eau traversât la rivière; ce problème a été résolu par le célèbre Watt d'une manière très ingénieuse et dont nous devons donner ici une idée succincte. (1)

Ce tuyau, appelé *flexible*, est composé d'un certain nombre de bouts assemblés entre eux; chacun d'eux a 2 mètres 70 cent. de longueur; on forme un seul tuyau de trois de ces bouts réunis par les procédés ordinaires; mais de trois en trois le moyen d'assemblage change; l'extrémité du tuyau femelle présente un segment de sphère concave, et celle du tuyau mâle un semblable segment, mais convexe; cette dernière extrémité est placée dans la première, et ensuite ces deux bouts sont rendus solidaires au moyen d'un *stuffing box*, boîte à garniture, semblable à celles qui sont employées pour tous les usages semblables.

Enfin ces bouts ont été fixés sur des pièces de bois unies entre

---

(1) Nous avons entre les mains tous les détails de cette opération, qui nous ont été remis par M. Anderson. M. Robison en a d'ailleurs donné une description dans l'ouvrage périodique intitulé : *Edinburgh philosophical journal*, vol. XII, 1820.

elles par des charnières; toutes ces pièces ayant été assemblées en nombre suffisant, des machines ont tiré cet assemblage de tuyaux, qui, en prenant son assiette, a suivi exactement la forme du lit du fleuve. On avait eu soin, bien entendu, de fermer l'orifice en avant; enfin on a recouvert cette conduite avec du sable, et on l'a chargée d'un petit enrochement pour la protéger contre les effets des chocs auxquels elle pourrait être exposée.

Il en a été de même pour la seconde. Quant à celle qui doit conduire l'eau au bâtiment en construction, on doit adopter dans sa forme et dans sa pose un autre procédé indiqué à M. Anderson neveu par M. son oncle, qui a bien voulu nous l'expliquer; mais nous croyons qu'il ne nous est pas permis d'en faire connaître à présent les détails. (1)

Quant au système de tuyaux dans l'intérieur de la ville, il consiste, comme à Manchester et à Liverpool, en un certain nombre de conduites principales de différens diamètres sur lesquels sont branchés des tuyaux d'un diamètre inférieur. Les diamètres varient depuis 90 centimètres, dimension du tuyau que l'on vient de poser tout nouvellement pour remplacer celui de 0 mètre 60 cent. qui a servi jusqu'ici, jusqu'à 5 cent., et même jusqu'à 3 cent., mais ces derniers ne sont employés que pour des distributions particulières.

La longueur totale peut être de 98,500 mètres, dont 21,700 depuis 90 jusques y compris 18 cent, et le surplus depuis 16 cent. jusqu'à 3 centimètres.

Les robinets placés aux branchemens restent continuellement ouverts; ils ne servent le plus généralement que pour le cas des réparations. On doit rappeler ici qu'une grande partie de l'eau est fournie par l'intermédiaire des trois suites de réservoirs placés à diverses

---

(1) On pourrait réduire à un seul les deux établissemens que nous avons proposé de former au-dessus de Paris, en portant l'eau à travers le lit de la rivière d'une rive vers l'autre; il y aurait économie, et l'on aurait un moyen de tromper les prétentions exagérées des propriétaires des terreins à acquérir.

hauteurs; cependant on a le projet de supprimer celui de *Duke street*.

Les formes de robinets varient selon leurs dimensions, depuis 14 cent. et au-dessous; elles sont pareilles à celles qui sont adoptées chez nous pour de pareilles grandeurs; au contraire, pour les tuyaux d'un diamètre supérieur on emploie les robinets dits *valve cocks*, *screw cocks* (robinets vannes, robinets à écrou). Nous employons aussi maintenant ces nouvelles formes dans le service qui nous est confié lorsqu'il s'agit de tuyaux qui dépassent 14 centimètres.

Les habitans ont, ou des réservoirs munis de flotteurs, ou des robinets qu'ils ouvrent et ferment suivant le besoin; et, comme il y a des réservoirs de pression, et que les machines jouent pendant seize heures de la journée, ils jouissent de l'eau à volonté; mais M. Anderson nous a fait observer que cet usage libre était extrêmement onéreux a la compagnie, qui regrette chaque jour de plus en plus de ne pas être à même de faire le service comme il est fait à Londres. En attendant, on impose aux propriétaires, qui n'ont point de réservoirs avec robinets à flotteurs, une forme particulière de robinets qui se ferment d'eux-mêmes quand la main qui les a ouverts les a quittés. Nous avons pris les dessins qui en présentent diverses formes.

Nous ne devons pas omettre ici une circonstance particulière à Glasgow. Dans cette ville, non-seulement les maisons contiennent plusieurs familles qui occupent chacune une étage, mais même chaque étage appartient à un propriétaire différent; alors un tuyau ascendant traverse le mur à quelques pieds au-dessous du pavé, et monte dans l'intérieur; à chaque étage, le propriétaire, ou locataire, branche sur ce tuyau, soit un robinet à main qui attend qu'on l'ouvre, soit un robinet à flotteur, dégorgeant dans un réservoir, et qui s'ouvre de lui-même à mesure que le niveau de l'eau descend.

On doit aussi faire observer que comme à Liverpool une grande quantité d'eau est distribuée, et particulièrement dans les faubourgs, au moyen de fontaines qui se trouvent placées ou sur les trottoirs ou dans les allées dites *closes ;* c'est à ces fontaines que dans le temps des gelées on s'approvisionne d'eau, mais il faut commencer par les faire dégeler au moyen du feu que l'on fait autour.

Les formes de ces fontaines, quoique moins simples que celles de Manchester, peuvent encore fournir quelques idées utiles.

*Forme des fire plugs.* Quant aux *fire plugs* qui servent également à vider les tuyaux, ils présentent aussi une forme particulière que nous avons appliquée à la disposition des bornes-fontaines que M. le comte de Chabrol nous a invité à étudier pour les trottoirs : quelques-unes sont déjà en exécution, et elles paraissent jusqu'à présent remplir leur objet.

La quantité d'eau distribuée journellement par la compagnie dont nous nous occupons est de 3,5oo,ooo gallons répondant à 16,170,000 litres; dont les six dixièmes environ sont élevés dans les maisons, et les quatre autres dixièmes sont distribués au moyen de fontaines; mais le nombre des habitans qui partagent la totalité *Quantité d'eau consommée par chaque habitant.* de l'eau est de 160,000, ainsi 100 litres et plus formeraient la quantité afférente à chaque habitant.

*Réglement du prix de l'eau.* Le prix de l'eau est établi sur celui des locations (1); on paie annuellement et d'avance 5 schellings pour tous les loyers au-dessous de 4; 6 schellings, depuis 4 liv. jusqu'à 6; 7 schellings $\frac{1}{2}$ depuis 6 jusqu'à 8, et depuis 8 jusqu'au-delà, on paie 5 pour $\frac{0}{0}$ du prix de la location.

Les boulangers paient 5 schellings par an, et autant encore pour chaque garçon qu'ils emploient; les boutiques, les magasins, et les bureaux des négocians paient depuis 5 schellings jusqu'à 10 sch., chaque cheval et chaque vache 4 schellings.

---

(1) Les conditions dont nous allons donner les détails sont portées sur le bulletin imprimé que l'on remet à chaque concessionnaire.

Les établissemens publics paient conformément aux taxes dont le tableau est déposé au bureau de la compagnie. Le public est averti qu'il ne doit pas laisser perdre l'eau, ni prêter des clefs, ni en faire de fausses; ceux qui se rendraient coupables de ces abus s'exposeraient à de fortes amendes.

Les personnes qui usent de l'eau sans que le surveillant les ait portées sur le registre, ou sans qu'elles aient donné leur nom au bureau, sont dans le cas d'amende.

Les entreprises qui ont échoué sont regardées par nos voisins comme la source de leçons aussi utiles que les opérations couronnées d'un brillant succès. Convaincu aussi de cette vérité, déjà nous avons cru devoir parler d'un procédé de filtration dans l'essai duquel la première compagnie n'a pas réussi; les travaux de la compagnie *Cramston hill* nous offrent l'occasion de présenter plusieurs exemples de ce genre de leçons et de la persévérance qui distingue si bien nos voisins, et qui finit par triompher des plus grandes difficultés, nous nous empresserons de saisir ici cette occasion.

Le principal établissement hydraulique de la deuxième compagnie est situé maintenant à Dalmarnok, non loin de celui qui appartient à la première; mais ce n'est qu'après plusieurs années écoulées depuis sa constitution par acte du parlement de 1808, qu'elle a pris le parti de s'y transporter.

En effet la première compagnie s'étant jetée dans une grande gène par la dépense inutile qu'elle avait faite pour la construction de ses premiers filtres, et par divers autres essais qui n'avaient pas mieux réussi, celle-ci crut qu'elle devait saisir ce moment pour chercher à s'élever sur la ruine de la première, et pour arriver à ce but, elle chercha les moyens de donner l'eau au plus bas prix possible.

A cet effet, elle plaça ses établissemens au-dessous de la ville, et aussi près qu'elle put de la partie la plus habitée, acheta d'abord des terreins assez étendus sur le bord de la rivière, pour les bâtimens des machines à vapeur et autres accessoires, et ensuite un autre grand emplacement au lieu dit ***Cramston hill***, pour la formation de réservoirs de dépôt, d'un filtre à la suite, et d'un troisième réservoir dans lequel se rendait l'eau filtrée (1); mais ce filtre, quoique mieux entendu que celui de la première compagnie, ne répondit pas encore à ce que l'on en attendait.

Le public, servi avec une eau qui n'était pas assez claire, commença à prendre du dégoût; d'une autre part, de forts préjugés s'élevèrent contre une eau puisée au bas de la ville, et la compagnie, obligée de changer d'emplacement, forma de nouveaux établissemens à Dalmarnok, afin de pouvoir lutter à son tour contre sa devancière.

Là, pour se procurer une eau claire, elle commença par creuser des galeries à l'instar de celles qui avaient été établies par sa rivale, mais sur la rive opposée, et le malheur voulut que de ce côté, en raison de la conformation et de la nature du terrein qui était un terrein houiller, elle rencontrât des eaux qui n'étaient point potables; les machines à vapeur et les autres instrumens de la distribution qui desservaient le premier établissement avaient été enlevés; on fit essais sur essais pendant plusieurs années, et dans l'intervalle de ces essais la compagnie perdit la plus grande partie de ses abonnés.

**M**. John Hart avait proposé de creuser une autre galerie dans laquelle il pensait que l'eau minérale serait repoussée par la pression de l'eau de la rivière, et le succès couronna cette tentative; mais quelques membres du conseil d'administration, au lieu de la faire continuer, proposèrent un autre procédé qui fut mis entièrement à exécution.

Filtre à Dal-    On a donc creusé, sur les bords de la rivière, un grand réservoir

---

(1) **M**. le baron Dupin a décrit ce filtre dans son ouvrage intitulé : *Voyages dans la Grande-Bretagne*, etc., troisième partie, force commerciale, note de la page 176.

dont on a abaissé le fond au-dessous du niveau des plus basses eaux marnok que l'on détrui-sait. de la Clyde, de manière qu'elles pussent y arriver par leur propre pesanteur ; on a construit dans le fond des petites galeries cylindriques de 60 cent. de diamètre, ou plutôt des tuyaux en briques, faites en forme de coins, et posées à sec. On a étendu ensuite sur ces galeries, éloignées les unes des autres de 7 mètres environ, une couche de sable maigre et de gravier, qui est concentrique aux galeries : l'ensemble présente, comme dans les filtres de M. Simpson à Londres, un certain nombre de vallées, treize environ ; l'eau les remplit, et elle se met en charge pour arriver aux tuyaux en brique, et de là à une galerie construite également en pierre sèche : enfin cette galerie, qui a 1 mètre 25 cent. environ de diamètre, aboutit à un puits communiquant avec les baches de pompes mues par des machines à vapeur.

Pour nettoyer les filtres, on a eu recours à un moyen qui paraîtra sans doute fort ingénieux. Au-dessus de la galerie longitudinale, dans laquelle aboutissent les autres, on a étendu un tuyau en fonte, appelé *cleaning pipe* (tuyau pour nettoyer) ; de ce tuyau, qui est mis en communication avec une pompe dans le bâtiment des machines à vapeur, partent des branches inclinées qui descendent jusqu'au plan inférieur des vallées, qui est pavé et qui se trouve au niveau de celui des galeries. Des robinets, formés tout simplement de bouchons en bois que l'on enlève ou que l'on enfonce au moyen d'une tige filetée et d'un écrou, sont placés sur le tuyau entre chaque vallée. Quand on veut nettoyer le filtre on ouvre un de ces bouchons, on met la pompe en action, on vide l'eau d'une vallée, et toute celle qui l'environne, prenant du mouvement vers la vallée en communication avec la pompe, passe à travers le sable dans une direction contraire à celle qu'elle a suivie, en emportant avec elle les dépôts qu'elle y a formés.

Mais l'eau, chargée de ces dépôts, mettait promptement les pompes hors de service ; celles-ci fonctionnaient mal ; on employait plus de temps en réparations qu'en travail utile, en sorte que l'on a été obligé de renoncer à ce moyen. Cette leçon, reçue par nos voisins, nous l'aurions peut-être aussi reçue, tant le procédé était séduisant et fait pour tromper les hommes les plus réfléchis.

Il est résulté de là que le nombre des abonnés a encore diminué, et que la compagnie se trouve dans une situation très difficile.

Cependant elle ne se laisse pas abattre par tant de revers ; elle est soutenue sans doute par le spectacle des succès qui maintenant font oublier à sa rivale les revers qu'elle a éprouvées ; elle lutte avec ténacité contre le malheur qui la poursuit. Cette persévérance est un bel exemple qui ne doit pas être perdu pour les hommes chargés de grandes entreprises. Dans le moment de notre voyage, cette compagnie venait de construire un vaste réservoir à *Cramston hill*, non loin de ceux qu'elle a déjà dans ce canton, et dont nous avons parlé plus haut. Le fond de ce réservoir est placé à la même hauteur que celui du premier ; mais il a 4 à 5 mètres de profondeur, et il peut contenir 5 à 6,000 mètres cubes d'eau.

De plus, après avoir appelé près d'elle un ingénieur écossais, M. Mac Kain, dont nous avons déjà eu occasion de parler, elle l'a chargé de la recherche de meilleurs moyens de filtration, qu'elle projette de substituer successivement à ceux qu'elle emploie aujourd'hui. Il était occupé à remplir cette mission, et déjà il avait fait l'essai de son procédé dans une partie de terrein qu'il avait pu détacher de celui qui est occupé par le filtre encore existant. Il y avait amené l'eau de la Clyde par une espèce de réservoir garni en planches, dépendant d'un autre ouvrage établi sur le bord de la rivière pour suppléer le filtre existant, lorsque son produit a été réduit pour ainsi dire à rien. L'eau de la rivière s'introduisait dans ce réservoir au moyen d'un tuyau qui communiquait avec son lit.

Cet ingénieur, aussi obligeant que distingué, ayant bien voulu nous donner une idée de son procédé, nous allons le décrire.

Filtre nouveau d'après les idées de M. Mac Kain.

Le moyen proposé, et, sans doute, entièrement mis à exécution aujourd'hui par M. Mac Kain, consiste en un certain nombre de puits établis en échiquier, et communiquant tous entre eux par des tuyaux, au milieu desquels on a placé un robinet; ces puits ont chacun environ 3 mètres de diamètre et 2 mètres de profondeur; ils sont construits en briques posées à sec, et recouverts en planches, de manière à offrir une surface plane (1). L'expérience lui a appris que 10 pieds superficiels de sable, sous une tête d'eau de 2 à 4 pieds, laissent passer un gallon d'eau par minute. Ce produit, calcul fait, serait à-peu-près double de celui que M. Simpson nous a dit obtenir; mais il est bien difficile de tirer aucune conclusion de ces faits, recueillis dans des circonstances qui ne sont peut-être pas les mêmes; aussi il ne faut prendre, et nous ne citons ce résultat que comme un aperçu toujours bon à connaître.

Produit du nouveau filtre de M. Mac Kain.

Enfin, pour terminer les détails que nous avons recueillis sur les filtres à Glasgow, nous croyons devoir parler ici de celui que nous avons vu chez M. *Brown et compagnie :* ce filtre est formé de deux puits concentriques, l'un ayant 4 mètres 90 cent., et l'autre 18 mètres 50 cent. de diamètre intérieur; celui qui est au centre est destiné à recevoir et transmettre l'eau filtrée; à cet effet, il a près de 4 mètres de profondeur, et reçoit, dans le fond, la bouche du tuyau d'aspiration d'une pompe mue par une machine à vapeur.

Filtre établi chez M. Brown et c<sup>e</sup>, blanchiss<sup>rs</sup>.

L'intervalle entre le puits intérieur et le puits extérieur est rempli en glaise mise en pente, c'est-à-dire jusqu'à 5 pieds de la margelle vers la partie extérieure, et 7 pieds vers le mur d'enceinte du puits intérieur; à cette profondeur de 7 pieds on a percé des trous de 30 cent. environ en carré, que l'on a remplis de tuiles posées à sec, et on a mis du sable dans le vide restant jusqu'à 30 cent. des bords; la surface du sable peut être de 52 mètres carrés, et le

---

(1) L'eau se filtre toujours dans une direction normale à la courbe que forment les lits de sable filtrans.

Cette observation n'a pas échappé à M. Mac Kain, qui nous l'a communiquée, et nous avons vérifié le fait dans l'établissement de Chelsea.

Produit du filtre de M. Brown.

filtre fournit quatre cent soixante-deux litres par minute, ou deux mille sept cent quatre-vingt-quatorze litres en vingt-quatre heures par chaque mètre carré : on nettoie ce filtre tous les trois mois; il s'y forme dans cet espace de temps une couche de vase, ordinairement de 3 cent. environ d'épaisseur, mais qui varie en raison de l'état de pureté des eaux de la rivière.

Le reste des détails, que nous a donnés M. Mac Kain, se rapporte au système de distribution, qui est peu différent de celui de l'autre compagnie.

## GREENOCK. (1)

Greenock, petite ville et port de mer (*sea port town*), située à l'embouchure de la Clyde, sur la rive gauche, ne recevait, depuis sa création, que les eaux de quelques sources qui descendaient des montagnes au pied desquelles elle est établie; cette ville était réduite lors des sécheresses à envoyer chercher de l'eau au loin, dans des tonneaux, pour les besoins de ses habitans; la nature semblait même l'avoir condamnée pour jamais à subir cet inconvénient, lorsque M. Georges Robertson alla visiter à l'île *Bute* les travaux que dirigeait M. l'ingénieur Thom, et dont l'objet était de procurer de l'eau à l'usine de *Rothsay*. Ils s'entretinrent de la position et des besoins de la ville de Greenock, et sur quelques aperçus indiqués par M. Robertson, M. Thom reconnut bien vite la possibilité de faire pour Greenock ce qu'il avait fait pour l'île *Bute.*

M. Robertson fit connaître l'opinion de M. Thom à ses amis, et notamment à sir M. S. Stewart; mais le soin de procurer de l'eau à

---

(1) Extrait du rapport fait le 22 juin 1824 par M. Robert Thom, ingénieur civil, sur les moyens de fournir de l'eau à Greenock, et d'un mémoire de M. le chevalier Masclet, que l'on retrouve partout où il y a des choses utiles à faire connaître. Il va publier bientôt ce mémoire intéressant.

l'établissement de Rothsay et les travaux de l'usine même, empê-
chèrent alors M. Thom de disposer d'aucun de ses momens pour un
objet étranger à celui qui occupait toutes ses pensées. On s'adressa,
en conséquence, à d'autres ingénieurs, qui regardèrent le projet en
question comme inexécutable à Greenock; mais, plus tard, les travaux de Rothsay touchant à leur fin, M. Thom trouva le temps de
se livrer aux études du terrein pour l'opération de Greenock, et
reconnut, au contraire, au grand étonnement de tous ceux qui en
eurent connaissance, que l'exécution de son système était possible.
Une compagnie s'organisa sous les auspices de sir M. S. Stewart;
elle fut constituée en corporation, et l'on s'occupa des premiers
travaux.

Il n'entre point dans notre plan de donner tous les élémens de ce
projet dont l'exécution atteste toute l'étendue des ressources de l'art.
D'ailleurs, le public, comme nous l'avons déjà dit, devra bientôt ces
détails au zèle éclairé et à la plume élégante de M. le chevalier Masclet; mais nous ne pouvons nous dispenser d'en donner une idée
succincte, en nous aidant du mémoire de l'auteur et de la brochure
que M. Thom a bien voulu nous donner. (1)

Les eaux provenant du groupe de collines au pied desquelles la
ville de Greenock est située se réunissent dans une vallée où elles
ont pris le nom de *Saws water,* et se jetaient dans la mer à *Inner
Keep,* au couchant de Greenock. M. Thom a eu d'abord l'idée de
barrer ces eaux dans leur chemin, et de les employer à remplir un

---

(1) Lorsque nous nous sommes rendu sur les lieux, nous avons trouvé M. Thom
à l'un des bassins, celui dit *regulating basin;* quoique nous n'eussions pas de lettre
d'introduction pour lui, nous en avons reçu l'accueil le plus aimable; il s'est em-
pressé de nous faire voir ce bassin, qui a vivement excité notre attention, et nous
a mis à même d'étudier les autres parties du mécanisme que l'on doit à l'esprit in-
ventif de cet habile ingénieur: il a eu ensuite l'obligeance de nous expliquer sur
place ses appareils de filtration, qui méritent aussi beaucoup d'intérêt.

vaste réservoir d'une capacité qui suffit à la consommation de quatre mois, au moins, pour le temps des grandes sécheresses ; ce réservoir pouvait tenir en réserve 284,678,550 pieds cubes; un second réservoir, appelé *compensation reservoir,* en contenait 14,685,898; un autre, dit *auxiliary,* 4,652,775; enfin, cinq autres devaient en contenir ensemble un peu plus de 6,000,000, en sorte qu'il pouvait ainsi compter déjà sur 310,000,000 environ de pieds cubes d'eau.

M. Thom avait évalué à 600,000,000 de pieds cubes la quantité d'eau qu'il était possible d'amener à Greenock. La compagnie voulait approvisionner deux lignes d'usines, chacune à raison de 1200 pieds cubes par minute pour trois cent dix jours de douze heures chacun, l'une des lignes au couchant et l'autre au levant, ce qui devait en employer 535,680,000. De plus, elle avait l'intention de donner à chaque habitant 2 pieds cubes d'eau par jour, et la population étant de 25,000 âmes, il fallait réserver pour cet objet 18,250,000 pieds cubes, de sorte que si l'on eût pu se procurer 600,000,000 de pieds cubes, il restait encore pour les établissemens industriels de Greenock une réserve de 45,070,000 pieds cubes.

Mais l'expérience de deux années a appris à M. Thom que la quantité d'eau totale que l'on pouvait réunir était de plus de 700,000,000 de pieds cubes, et comme les réservoirs sont capables de contenir l'approvisionnement complet de plus de six mois, non-seulement il est possible de mettre en réserve dans une saison pluvieuse les quantités nécessaires pour les momens de sécheresse de l'année, mais aussi le surplus de plusieurs années pluvieuses pour une suite d'années de sécheresse. M. Thom, en outre, avait remarqué que l'on pouvait encore réunir d'autres eaux sur le même point; il en a conclu qu'il n'y avait aucun doute que l'on ne pût obtenir largement, en tout temps et en toute saison, la quantité d'eau nécessaire pour remplir les vues de la compagnie.

Tel a été le résultat de l'examen que M. Thom a fait des localités, et qui a complètement répondu aux prévisions de cet ingénieur expérimenté.

Nous aurions maintenant à décrire l'ordre admirable selon lequel a été réglé, dans l'intérêt de l'industrie et de la prospérité nationale, l'emploi d'une force qu'on estime pour les moulins seuls à celle de 1,666 chevaux; mais nous sortirions du cadre de cette notice (1), nous allons donc en poursuivre l'objet.

On a vu plus haut que M. Thom avait réservé pour la consomma-tion des habitans de Greenock 2 pieds cubes d'eau, ou environ 56 litres 1/2 par individu, et en tout 18,250,000 pieds cubes, à-peu-près 50,000 pieds ou 1,415 mètres par jour : il a eu soin d'abord de n'admettre pour cet objet que la plus petite quantité de l'eau pro-venant des marais, *moss water :* ensuite son intention étant encore de la filtrer, il a pu, attendu la faiblesse de la pression, employer un tuyau en pierre pour porter l'eau à son appareil; il préfère ce genre de conduites à celles en fonte; l'eau s'améliore dans les premières au lieu d'y perdre de sa pureté. En outre, il a eu soin de placer cette conduite-aqueduc à une profondeur telle que ni le froid ni la chaleur ne peuvent en modifier la température; enfin, sur la longueur de son aqueduc, il a placé de distance en distance des puisards, *cess pools,* dans lesquels l'eau dépose ses premiers sédimens avant d'ar-river au filtre.

Avant de donner une idée de la forme du filtre de M. Thom, nous

*Quantité d'eau donnée par chaque in-dividu.*

*Conduite en pierre qui mène l'eau au filtre.*

---

(1) Aussitôt que le travail dont nous nous occupons ici aura été terminé, nous tâcherons de trouver le temps nécessaire pour faire connaître tous les appareils in-génieux au moyen desquels M. Thom a réglé l'emploi des eaux, de manière que chaque usine reçoive régulièrement la quantité à laquelle elle a droit, et qu'aucune ne nuise à l'autre. Nous y joindrons la traduction des réglemens d'administration que l'on doit également à M. Thom, et l'autorité y verra peut-être de bons exem-ples à imiter, autant dans l'intérêt de nos usines que dans celui du temps des ingé-nieurs.

9

croyons devoir exposer diverses considérations relatives à la filtration de l'eau; elles nous ont paru pleines d'intérêt, et nous allons les extraire de sa brochure.

L'auteur commence par faire observer que la filtration de l'eau sur une petite échelle n'offre aucune difficulté, mais que les essais qui ont été tentés assez en grand pour fournir à la consommation de villes étendues et populeuses ont tous manqué.

Les sources sont des filtres naturels; mais imitons-nous les moyens employés par la nature? Telle est la question que M. Thom examinera plus tard.

Supposons un puits creusé au milieu d'un banc de sable, l'eau arrivera naturellement pure et claire si, avant de traverser cette masse, elle était dans cet état; si, au contraire, elle était chargée de sédimens, le produit du filtre naturel formé par le banc de sable devra diminuer tous les jours. Quand cet effet ne se fait pas sentir dans nos puits, cela tient à la petite quantité consommée, comparée à celle que le filtre est capable de produire en raison de l'étendue de la surface filtrante qui est infiniment grande.

Mais que cette eau, avant d'arriver aux puits, soit trouble, que les limites et l'étendue du filtre, ou naturel, ou artificiel, se resserrent, et l'on verra le produit du filtre diminuer et finir par se réduire à rien.

L'auteur a observé des puits qui ont justifié cette prévision, et les essais qui ont été faits à Dalmarnok pour approvisionner la ville de Glasgow d'une eau pure sont venus la confirmer dans toute son étendue. (1)

Un ingénieur très distingué a d'abord établi des filtres qui ont entièrement manqué leur objet; un autre essai tenté dans le même

---

(1) Ici M. Thom va s'appuyer sur les mêmes faits que ceux que nous avons exposés plus haut.

but a échoué. A la fin, le célèbre Watt visita les travaux et conseilla de creuser des galeries le long d'une rive en sable d'une grande étendue; on a mis le conseil a exécution : on a obtenu une eau excellente pendant quelque temps, mais le produit a baissé par degrés et à un tel point que l'on a été obligé d'y suppléer en tirant l'eau directement de la rivière.

Dernièrement l'auteur a visité les travaux; il a conseillé d'étendre les galeries suivant le système de Watt : on l'a fait; et le produit a augmenté proportionnellement; mais certainement il baissera encore une fois, et on devra recourir alors à d'autres moyens pour obtenir une quantité suffisante. (1)

C'est après avoir fait tous ces raisonnemens appuyés sur l'expérience, que M. Thom a conçu l'idée du système nouveau de filtre qu'il a mis à exécution pour Greenock.

Filtre pour les eaux de Greenock.

L'établissement se compose de trois réservoirs filtrans et d'un quatrième dans lequel l'eau se rend à mesure qu'elle est filtrée.

Quant au système il présente une particularité remarquable : l'eau y agit alternativement en descendant et en montant.

Lorsque le filtre, après avoir travaillé pendant un certain temps, est devenu paresseux, on fait agir l'eau en montant, et comme on peut disposer d'une forte pression, il est nettoyé dans l'espace de quelques minutes; on peut le laisser ensuite opérer dans ce sens; mais quand la diminution du produit annonce qu'il est engorgé, on fait passer l'eau dans un sens contraire, et le sable étant bientôt dégagé des sédimens qui l'obstruaient, le filtre continue à travailler avec la même activité, et ainsi de suite.

---

(1) Nous devons rappeler ici qu'en effet au moment où nous avons visité Dalmarnok, M. Anderson, neveu, était occupé à prolonger l'existence de ce système de filtre naturel.

On a réservé un moyen de jeter les sédimens enlevés dans un égout qui les porte au loin. (1)

M. Thom convient qu'au bout d'un certain temps le filtre est encore sujet à être mis hors d'état de service, mais ce temps est très long.

Chaque bassin a 50 pieds de long sur 12 de large, ou une surface de 600 pieds carrés (55$^{me}$ 75); il y a trois de ces bassins : ainsi l'on dispose de 167$^{me}$ 75.

L'épaisseur du filtre est de 5 pieds (1$^{me}$ 50); il est composé de sable fin, maigre et très propre.

On voit ici que les bassins-filtres ayant ensemble 167 mètres carrés de surface, et la quantité d'eau totale qu'ils ont à épurer journellement étant de 1,415 mètres cubes ou 1,415,000 litres, chaque mètre carré doit filtrer 8,472 litres, produit considérable et qui diminue beaucoup la dépense de cette importante opération.

M. Thom annonce que si l'on borne la consommation journalière de chaque habitant à 2 pieds cubes ou 56 litres et demi, un filtre suffisant pour 25,000 âmes coûtera 300 liv. st. 7,500 fr., il coûtera 1,200 l. st. 30,000 fr. pour 100,000 âmes, 60,000 fr. pour 200,000 âmes, et ainsi de suite; en adoptant les bases de M. Thom, un filtre pour les 900,000 âmes de Paris coûterait 270,000 fr.

Le réservoir qui est placé à la suite des bassins peut contenir la consommation d'un jour; l'eau dans ce réservoir est élevée de 59 mètres environ au-dessus du sol de la ville.

A l'aide de cette disposition et de cette pression, M. Thom pense

---

(1) On pourra voir, en examinant les dessins de notre projet pour les eaux de l'Ourcq, dont nous avons déjà parlé, que nos filtres avaient été combinés d'après le même principe : toutefois ils ne travaillaient que *per ascensum*, dans l'intention de diminuer la tendance de l'eau à permettre à l'air qu'elle contient de se dégager, ainsi qu'il arrive lorsque le filtre travaille *per descensum ;* nous ne donnions cette dernière direction à l'eau que dans le but de nettoyer le filtre.

qu'il pourra laisser aux habitans l'usage libre de l'eau comme à Glasgow.

Quant au système de conduites, il n'était pas encore établi, mais M. Thom nous a dit qu'il aurait beaucoup de rapports avec celui de Glasgow.

## ÉDIMBOURG.

Edimbourg, ainsi que Greenock (1), a commencé par recevoir l'eau nécessaire à sa consommation des sources que ses magistrats firent venir en 1681 des hauteurs de Comistou à 3 milles ½ de la ville. La conduite qui partait de ce réservoir était en plomb ; elle avait 3 pouces de diamètre, et venait aboutir à un réservoir dit *Castle hill*, qui avait été placé sur le point le plus élevé de la ville.

En 1722, au premier tuyau, on en ajouta un second qui avait quatre pouces de diamètre ; en 1787 un troisième, mais en fonte de fer, et dont le diamètre fut porté à 5 pouces.

En 1790, on en posa un quatrième également en fonte, auquel on donna un diamètre de 7 pouces, en sorte qu'à cette époque il arrivait, dans le réservoir de *Castle hill*, 210 pintes d'eau par minute (2) ou 359 litres ½ environ, qui répondent à-peu-près à 27 pouces de fontainier.

Enfin en 1810, l'administration municipale, prenant en grande

(1) Nous nous aiderons encore ici de notre journal et d'un mémoire sur le système hydraulique de la ville d'Edimbourg, rédigé en 1825, par M. le chevalier Masclet, mémoire qui va paraître aussi dans le *Journal des Ingénieurs civils*. Cette feuille périodique rend chaque jour de nouveaux services à la science et à la partie la plus éclairée du public en le faisant jouir du fruit de ses progrès.

(2) Il règne beaucoup d'incertitude dans l'évaluation de la pinte d'Ecosse ; les uns la portent à 103 1/2 pouces cubes, d'autres à 104 ; d'autres à 106 ; nous avons pris pour moyenne 104 p. c. 50 : ces 104 p. 50 c. répondent à 1 lit. 7123.

considération les plaintes qui s'élevaient de toutes parts contre l'in-
suffisance de l'approvisionnement, nomma d'abord une commission choisie parmi les citoyens les plus influens, et puis une autre
qui fut formée de professeurs de chimie, de minéralogie, de physique et des plus habiles ingénieurs du royaume; on y distinguait
MM. Telford, Rennie, Jardine, Stevenson.

M. Telford remit en 1813, sous forme de rapport, un projet très
détaillé des travaux à faire, dans lequel il rendit compte des ressources en eau sur lesquelles on pouvait compter, etc.; il s'appuya
sur les explorations et les jaugeages faits avec le plus grand soin
par M. Jardine. De son côté le docteur Hope remit aussi un rapport (1) dans lequel il examina, autant comme physicien que comme
habile chimiste, les eaux qui avaient formé l'objet des recherches
de M. Jardine. L'auteur commence par faire sentir combien il est
important qu'une ville soit, non-seulement approvisionnée d'eaux
pures et non suspectes, mais encore qu'elle le soit d'une manière
large. Il examine ensuite, successivement, toutes les eaux que la
nature a répandues aux environs d'Edimbourg; puis donnant seulement un coup-d'œil à toutes celles qui proviennent de ruisseaux,
et qui sont sujettes à porter des troubles, il se réserve d'en faire
l'emploi dans le cas où les eaux de sources ne suffiront pas.

Les eaux de *Crawley* et celles de *Black hill* lui paraissent remplir toutes les conditions voulues, pureté et abondance; ces deux
sources fourniront ensemble dans les temps les moins favorables
1,225 pintes par minute; mais M. le docteur Hope fait observer que
les eaux de *Crawley* se jetant dans le ruisseau de *Glencorse*, les
propriétaires des moulins alimentés par ce ruisseau sont disposés

---

(1) Ce rapport, qui occupe 18 pages in-4°, est rempli de raison et de science; il
donne une grande idée de l'importance attachée par l'auteur au choix de l'eau destinée aux besoins d'une ville.

à s'opposer à la mesure. Pour prévenir toute plainte fondée , il propose de construire un réservoir de compensation sur le cours de ce ruisseau, en profitant de la situation la plus favorable que présentent les localités, et il regarde cette opération comme extrêmement facile.

Enfin, revenant sur les avantages pour une ville de recevoir une eau pure et abondante, après avoir déjà fait remarquer que les habitans ne seraient aucunement disposés à faire le moindre sacrifice pour une eau qui ne remplirait pas cette condition, M. le docteur Hope conclut en disant qu'il a la conviction qu'ils contribueront avec empressement aux dépenses qui seront nécessaires pour satisfaire largement ce besoin de la vie, si l'eau est de la première qualité.

A peine les rapports de ces deux hommes célèbres, l'un comme ingénieur, l'autre comme physicien et chimiste, furent-ils rédigés et répandus dans le public, qu'il se forma une compagnie à la tête de laquelle on vit se placer les magistrats de la ville, et tous les hommes les plus éminens par leur rang, leurs lumières et leur fortune; le corps de ville, propriétaire des établissemens de la distribution d'eau existante en ce moment, reçut 1,200 actions pour prix de ces établissemens; enfin cette compagnie fut définitivement constituée en corporation par un bill du parlement de 1819.

Alors on s'occupa de l'exécution des travaux qui furent confiés à M. Jardine, et ne pouvaient pas être mis en des mains plus habiles.

Nous ne décrirons pas ici en détail les beaux travaux du réservoir de compensation, toutes les combinaisons ingénieuses qui s'y présentent réunies; nous renverrons pour ces détails au mémoire intéressant de M. le chevalier Masclet, que nous avons déjà eu occasion de citer, et dont il ne va pas tarder sans doute à faire jouir le public.

Nous nous bornerons donc à ce qui concerne les eaux amenées

à Edimbourg, et aux détails que nous avons pu nous procurer à cet égard. (1)

Le docteur Hope ayant conseillé l'emploi des sources de *Crawlay* et de *Black*, M. Jardine s'est occupé des travaux nécessaires pour les obtenir dans leur plus grand produit, et a donné à cet égard des soins particuliers à la première; il a établi, dans ce but, différentes pierrées suivant le mode adopté chez nous, et il les a mises en communication avec une rigole placée dans une tranchée pratiquée à 3 mètres et 13 mètres même au-dessous de la surface du terrain qui est de nature graveleuse. Il a revêtu cette tranchée d'une maçonnerie construite à sec, et il en a pavé le fond avec des dalles. Ensuite les sources ont été amenées chacune dans un tuyau séparé, à un regard dit *Fountain head house*, d'où, au moyen d'une autre conduite et d'une bifurcation pratiquée sur cette conduite, les eaux se rendent à deux réservoirs, l'un celui de *Heriot's green*, et l'autre celui de *Castle hill*.

La citerne du regard de *Fountain head house* peut contenir 115 mètres cubes d'eau, ou le produit de 6 pouces de fontainier; elle est entièrement construite en pierre de taille, ainsi que sa couverture.

Premier réser-  La citerne du réservoir de *Heriote green* est enfermée dans un

---

(1) Lors de notre premier voyage, nous n'avons pu avoir que des aperçus généraux sur le système de distribution; lors de notre deuxième voyage, M. Jardine était absent, et l'époque de son retour n'était pas connue. Nous avons donc été obligé de part'r sans le voir. Nous nous servirons donc ici des notes que nous avons recueillies dans notre premier voyage, de celles qu'offre le mémoire de M. le chevalier Masclet, du rapport de M. Telford, et du bill du parlement que nous venons de citer.

petit bâtiment couvert; elle est cylindrique, et elle peut contenir voir de pression.
2o3 mètres cubes d'eau ou le produit de 10 pouces de fontainier.

Ce réservoir est situé à 270 pieds ou à 82 mètres au-dessous de la citerne de *Fountain head house.*

La citerne du réservoir de *Castle hill* est également enfermée Deuxième réservoir de pression. dans un petit bâtiment couvert, et peut contenir 252 mètres cubes d'eau ou le produit de 13 pouces de fontainier. Elle est seulement à 23o pieds ou 70 mètres au-dessous de la première citerne, ou 12 mètres plus élevée que celle de *Heriot's green.*

M. Telford avait conseillé de construire un réservoir très étendu, dans le but, disait-il, d'être à même de régulariser le service; mais nous n'avons pas entendu dire que ce réservoir ait été exécuté.

Le réservoir de *Heriot's green* approvisionne la partie de la ville qui est vers le sud, et qui comprend la vieille ville.

Celui de *Castle hill* dessert la partie au nord.

La hauteur moyenne des rues desservies par le réservoir d'*Heriot's green* est à 237 pieds au-dessus du niveau de la mer (1). La cote de l'eau dans ce réservoir étant 286 pieds, il s'ensuit qu'elle ne forme moyennement qu'une pression active de 49 pieds, environ 15 mèt.; mais on doit faire observer qu'il y a un point à la croisée des rues *Nicholson* et *Richmond,* dont la cote est 266 pieds, en sorte que statiquement l'eau ne pourrait arriver qu'à 20 pieds ou 6 mètres au-dessus de ce point; mais lorsqu'elle est en mouvement, et eu égard à sa distance du réservoir, l'eau ne peut sans doute servir vers ce point que le rez-de-chaussée des maisons. (2)

---

(1) Nous avons relevé ces données sur le plan d'Edimbourg publié par M. James Knok.

(2) Ce sont ces observations qui nous avaient déterminé à tâcher d'obtenir les détails du système de la distribution; car nous serions porté à croire qu'il a été pris quelque moyen pour augmenter la pression de l'eau dans le tuyau principal, ou *main* qui dessert la partie de la ville au midi.

Quant à la partie qui est au nord, c'est-à-dire entre *Prince's street* et la rivière de Leeth, la cote de la hauteur moyenne du plan des eaux est 184 pieds ou 56 mètres, et comme celle de l'eau du réservoir qui la sert est 326 pieds, la pression active est moyennement de 142 pieds ou 43 mètres 67 cent.

La quantité totale de l'eau amenée à Edimbourg serait, d'après M. le chevalier Masclet, de 220 pieds cubes par minute, ce qui répond à 446 pouces de fontainier, et la population étant de 130,000 âmes, chaque habitant recevrait moyennement 61 lit. $\frac{1}{2}$. (1)

Quantité d'eau par tête.

Les habitans ont un libre usage de l'eau; elle ne leur est point comptée par temps d'écoulement comme à Londres, les tuyaux de toute espèce étant continuellement chargés d'eau; elle arrive dans des réservoirs munis de robinets à flotteurs, et comme les réservoirs sont toujours prêts à recevoir l'eau le jour comme la nuit; comme d'ailleurs la pression sur les conduites est constante et généralement très grande, il s'ensuit qu'il ne peut point arriver qu'aucun habitant ne reçoive pas, dans la journée, l'eau nécessaire à ses besoins.

L'eau est très abondante; l'art n'a pas eu de difficultés à vaincre ni de dépenses à faire pour l'élever; la nature des localités a fait tous les frais, puisque la prise d'eau se trouve à 346 pieds ou 105 mètres 42 cent. au-dessus du plan moyen de la ville.

Le capital nécessaire pour le premier établissement des conduites

---

(1) On voit dans le mémoire de M. le chevalier Masclet que les ingénieurs écossais calculent qu'une ville quelconque ne peut être considérée comme complètement approvisionnée qu'autant qu'on assure à chaque famille de six personnes 54 gallons ou 9 gallons, c'est-à-dire 41 lit. 1/2 par personne. Quoique cette part soit déjà grande, nous ferons observer que si les familles n'étaient comptées que comme formées de cinq personnes, ainsi qu'il résulte des données qui nous ont été fournies par M. Jardine, le calcul de l'eau nécessaire à la consommation s'établirait sur 46 litres par tête.

une fois réalisé et engagé, la dépense annuelle n'a plus eu pour objet que les articles ci-dessous, savoir :

1° L'intérêt du capital engagé ;

2° L'amortissement, dont la puissance rapproche tous les jours le terme de l'extinction définitive ;

3° Puis, les frais d'entretien de travaux et ceux de surveillance.

Il suit de là que les motifs de restreindre l'usage de l'eau ne sont plus les mêmes que pour les autres localités. Nous devons dire aussi que la corporation à la tête de laquelle se trouvent les premiers magistrats et toutes les notabilités du pays, est plutôt une association d'hommes réunis pour le bien de tous, qu'une compagnie agissant seulement en vue de son intérêt privé.

L'eau arrive à tous les étages, circule dans tous les appartemens (1), quelle que soit leur disposition. Ainsi, dans la vieille ville, dont les maisons sont bâties sur le même modèle que les nôtres,

L'eau est portée à tous les étages.

---

(1) Il nous tardait d'indiquer des personnes qui, aussi bien que M. Jardine, ont acquis les titres les mieux fondés à notre reconnaissance ; nous voulons parler de MM. Robison, fils du célèbre professeur ; Stevenson, que nous avons déjà cité, et Mac Lauren. MM. Stevenson et Mac Lauren se sont empressés de nous fournir une infinité de données très précieuses, et le premier nous a remis plusieurs des mémoires intéressans que lui doivent la science et l'art de l'ingénieur. Quant à M. Robison, il est plus facile de sentir que de peindre l'accueil aimable qu'il a bien voulu nous faire ; il n'est point de marques de politesse et de bienveillance que nous n'ayons reçues du digne héritier d'un nom si distingué dans le monde savant.

C'est particulièrement chez M. Robison que nous avons été à même de reconnaître encore, comme à Liverpool, tous les avantages de la distribution à domicile ; partout l'eau se montre prête à satisfaire chaque besoin, sans faire acheter cet avantage au prix du moindre inconvénient ; aussi lorsque pour l'acquit de notre conscience nous demandâmes à M. Robison si toutes ces commodités n'avaient pas peut-être pour compensation quelque fâcheux effet, se borna-t-il à nous regarder en souriant, manière de répondre qui devint pour nous le complément de la conviction.

C'est encore chez M. Robison que nous avons vu la physique se joindre à l'hy-

10.

c'est-à-dire avec portes-cochères et allées, où chaque famille, comme à Glasgow, habite un étage, l'eau y circule comme dans les maisons de la nouvelle ville, qui sont construites à l'instar de celles de Londres.

Nous n'entrerons pas dans de grands détails sur le système de conduites, à défaut de renseignemens qui soient assez précis; ce service est d'ailleurs devenu bien plus simple, ainsi que l'usage auquel il est destiné, d'après le parti pris d'en laisser la disposition entièrement libre.

M. Jardine nous a fait seulement observer que, lorsque les rues sont très larges, il établit parallèlement aux conduites principales, dites *mains*, et de chaque côté de ces dernières, des tuyaux de service sur lesquels sont branchés ceux des particuliers.

*Epaisseur des tuyaux.* Cet ingénieur distingué nous a aussi fait remarquer, quant à l'oxidation des tuyaux sous terre, qu'elle était peu considérable, et que, cependant, il fallait y avoir égard dans la fixation de l'épaisseur des tuyaux. Il donne 1 pouce $\frac{1}{4}$ d'épaisseur, 32 millimètres, à un tuyau dont le diamètre est de 15 pouces, 38 centimètres; il est vrai de dire *Epreuve qu'ils subissent.* que, d'après le marché passé pour la fourniture des tuyaux, ils doivent être soumis à une épreuve de 800 pieds, 243 mètres 75 cent.,

---

draulique, pour concourir au bien-être de la vie, pour en obtenir ce que nos voisins appellent le *comfortable*.

Un calorifère, placé dans l'étage le plus bas de la maison, le *kitchen floor*, lance par une bouche placée au centre un flux continuel d'air échauffé. Cet air trouve au-dessus des chambranles des portes des ouvertures par lesquelles il s'introduit dans l'intérieur des appartemens, et y entretient une température douce et constante.

Un tuyau, chargé de gaz, placé derrière la porte d'entrée, distribue la lumière dans tous les points de la maison, et le gaz consommé traversant un gazomètre, on sait exactement jour par jour quelle en est la consommation.

Enfin il n'est pas jusqu'aux dispositions de la cuisine qui ne se ressentent de tous les progrès qu'a faits l'art de l'emploi de la vapeur et celui de la pyrotechnie.

en même temps qu'on les frappe à coups de marteaux redoublés et donnés vivement, sans que l'eau doive transpirer, suinter ou jaillir d'aucune part; ce marché offre encore des conditions qu'il pourra être utile d'appliquer ici, et que nous ferons connaître plus tard.

Les robinets dont on se sert sont ceux dits à vannes (*valve cocks*), pour les forts diamètres, jusqu'à 6 pouces 15 centimètres (1); au-dessous de ces dimensions, M. Jardine préfère les robinets en cuivre rouge, et non en laiton; ils sont moins embarrassans que ceux en fonte, et l'on trouve dans leur plus grande durée un dédommagement de leur plus haut prix. Il ne rejette cependant pas absolument les robinets *vannes*, surtout dans le cas de petites pressions.

On a essayé la fonte recouverte en cuivre; mais l'oxidation pénétrant toujours entre le cuivre et la fonte, on a renoncé à ce genre d'ouvrage.

Les robinets dits *air cocks* (robinets d'évent), que l'on place dans les points d'inflexion des conduites, sont tout simplement des boîtes en fonte munies à leur sommet d'un robinet ordinaire.

Les bouches établies sur les conduites, soit pour nettoyer les conduites, soit pour recevoir les tuyaux d'incendie, ont beaucoup de rapport, dans leur forme, avec celles qui sont employées à Glasgow; mais elles sont établies d'une manière bien plus solide, eu égard à la forte pression dont on peut disposer, et à laquelle on a recours dans les accidens.

Alors on met les conduites en communication directe avec la citerne dite *fountain head house*, dans laquelle l'eau est supérieure de 230 pieds, ou 70 mètres, à celle du réservoir de Castle hill, en

---

(1) M. Jardine a eu l'obligeance de remettre l'année dernière à M. Robinson, de qui nous l'avons reçu, le dessin d'un des robinets vannes qu'il emploie. Ils ressemblent beaucoup à ceux de Londres, mais ils sont beaucoup plus forts ou capables de résister à une bien plus grande pression.

sorte que l'on peut avoir à sa disposition dans certaines localités une pression de 5oo pieds, ou 1 52 mètres et plus. (1)

Il y a quelques fontaines publiques, *publics wells*, mais seulement dans la vieille ville. La compagnie est obligée de les entretenir.

Prix de l'eau. L'eau est payée à raison de 5 p. $\frac{0}{0}$ du prix des locations pour les maisons des particuliers ; 1 $\frac{1}{4}$ pour les boutiques et les magasins, et quant aux établissemens industriels, les arrangemens se prennent de gré à gré entre les propriétaires de ces établissemens et la compagnie.

Elle est tenue, par une condition du même bill, à fournir gratuitement l'eau en cas d'incendie.

## RÉSUMÉ.

1° Dans quelques villes, comme à Londres, à Glasgow et à Liverpool, l'eau est élevée d'un niveau inférieur à l'aide de machines

---

(1) M. Robison ayant bien voulu nous faire voir la manœuvre des pompiers de la ville, on a pu brancher le tuyau à plus de 100 mètres de distance du point de l'attaque simulée d'un incendie ; nous avons été à même de reconnaître dans cette circonstance que nos voisins rivalisent avec nous d'efforts et de zèle contre ce fléau, et nous avons dû rendre justice à la perfection de leurs appareils.

Dans cette même manœuvre, nous avons encore eu occasion de remarquer un moyen aussi prompt que sûr d'arriver par les fenêtres à un appartement dont l'escalier est intercepté ; ce moyen est dû au chef des pompiers, dont nous regrettons de ne pouvoir citer le nom.

Muni d'une arbalète, il a lancé une balle de plomb à laquelle était attachée une ficelle ; bientôt la balle a dépassé le toit en retombant du côté opposé, et la ficelle s'est appliquée contre la croisée de l'appartement. Elle a été saisie de suite par une personne qui était dans l'appartement ; au même instant on a fixé à la ficelle une forte corde qu'elle a montée, et la corde a monté à son tour une échelle formée de deux chaînes à maillons en fer soutenant des échelons de 16 centimètres environ de longueur ; au moyen de cette échelle un pompier est monté dans l'appartement, et bientôt on a vu descendre dans un sac deux et trois personnes l'une après l'autre.

à vapeur, et poussée par elles vers les points plus élevés qu'elle doit atteindre. L'eau tend, au contraire, à descendre de points élevés, pour remonter, à l'aide de sa propre pesanteur, vers les lieux qu'elle doit desservir, dans les villes de Manchester, Greenock et Edimbourg.

Le système de distribution par conduites principales, répartiteurs et tuyaux de service, tant pour le bas que pour le haut service, sur lesquels sont branchés ceux des particuliers, n'est bien observé qu'à Londres ;

2° L'eau, dans cette ville, est distribuée par écoulemens successifs, et temporaires.

A Glasgow et Edimbourg, les particuliers usent de l'eau à volonté.

3° A Londres, l'eau est généralement jetée dans de vastes réservoirs où on la laisse déposer ; la compagnie *Chelsea* la filtre depuis un an ; celle *Grand Junction* va l'imiter.

A Liverpool, l'eau distribuée est une eau de source tirée du sein de la terre.

A Manchester, l'eau provient de sources et des terres qui entourent le réservoir où elles sont amassées.

A Glasgow, elles sont filtrées, soit naturellement, soit artificiellement.

A Greenock, les eaux seront filtrées artificiellement et au moyen d'un procédé nouveau.

A Edimbourg, les eaux sont naturellement aussi pures qu'elles sont abondantes ;

4° A Londres et dans toutes les villes que nous avons visitées, l'eau est élevée à tous les étages et distribuée dans les intérieurs ; (1)

---

(1) On s'est beaucoup exagéré les inconvéniens de l'introduction de l'eau dans l'intérieur des maisons ; ceux que l'on aura éprouvés ici ne peuvent tenir qu'à des négligences et au manque d'expérience, qui bientôt seront remplacés par un esprit plus soigneux et plus habitué à observer. Tout a ses inconvéniens ; le feu cause souvent des incendies ; souvent ils sont dus à la simple présence d'une lumière placée

5° L'usage des réservoirs de pression est généralement répandu; (1)

6° Les machines de la *Grand Junction* sont à basse pression; elles élèvent 100 mètres cubes à 1 mètre de hauteur, en ne consommant qu'un kilogramme de houille, ce qui tient à la perfection des machines et à la manière dont elles sont soignées;

7° Dans le temps des gelées le service n'est point interrompu, il est seulement restreint;

8° La quantité moyenne d'eau distribuée par individu est, à Londres, de 80 litres; à Manchester, de 44; à Liverpool, de 27 $\frac{1}{2}$; à Glasgow, de 100; à Greenock, de 56 $\frac{1}{2}$; à Edimbourg, de 61; ce qui fait moyennement 61,50 litres par tête; (2)

9° Le prix de l'eau est fixé d'après diverses bases; à Londres, il repose sur des arrangemens particuliers entre les compagnies et les propriétaires, et il varie beaucoup. A Manchester, il est établi sur le prix du loyer; il en est de même à Liverpool, à Glasgow et à Edimbourg;

---

imprudemment et abandonnée à elle-même. Le gaz nous incommode, et nous le proscrivons de nos intérieurs, et cependant nos voisins ne s'en plaignent pas. Le rasoir ne coupe-t-il pas la main qui ne sait pas s'en servir ? la rose n'a-t-elle pas blessé plus d'une fois les doigts délicats qui l'ont cueillie sans attention ? Suivons l'impulsion qui nous conduit à devenir plus soigneux, et à introduire chez nous tous les genres de commodités qui nous sont offerts, et bientôt il ne manquera rien à notre bien-être domestique.

(1) La question de savoir, dans l'intérêt de la diminution du travail, lequel est le plus avantageux d'élever l'eau dans des réservoirs de pression, ou de la forcer directement dans les conduites principales, est une question d'une haute importance. Nous pensons, d'abord, que la solution ne peut en être due qu'à l'expérience, ensuite qu'elle dépend beaucoup des localités. M. Philippe Taylor, ingénieur très distingué, donne la préférence à l'emploi de réservoirs de pression; M. Wilson, ingénieur non moins distingué, nous a paru être du même avis. Voilà déjà deux autorités imposantes en faveur de ce mode.

(2) On est pas plus d'accord sur la quantité d'eau qu'il faut procurer à une ville pour qu'elle soit bien approvisionnée qu'on ne semble en comprendre l'usage. L'inpecteur général des ponts et-chaussées M. Bruyère, ingénieur du plus haut mérite,

10° Le service des eaux à Londres, à Liverpool et à Glasgow, a excité l'attention et engagé les capitaux de plusieurs compagnies rivales, ce qui montre le degré d'importance qu'on attache à ce genre de spéculation.

Notre travail est arrivé au point où la position dans laquelle nous sommes placé, et les bornes d'une notice nous avertissent de l'arrê-

---

a évalué la consommation de l'eau à 7 litres par tête, dans un rapport qu'il a fait en avril 1802 sur les moyens de fournir l'eau nécessaire à Paris, et, cependant, depuis près d'un siècle, tous ceux qui s'étaient occupés d'économie domestique avaient porté cette quantité à un pouce de fontainier pour mille âmes, ou environ 20 litres par tête. D'un autre côté, seize ans avant que M. Bruyère s'occupât de cette question, M. Defer de la Nouerre avait posé en principe, dans un mémoire sur le canal de l'Y-vette, qu'il faudrait 800 pouces à Paris pour l'*intérieur* de ses maisons, et la population pouvait être alors de 500,000 âmes; d'où M. Defer accordait 30 litres par tête.

Ce savant nous faisait avancer vers un large emploi de l'eau au lieu de nous faire reculer, et il suivait déjà la tendance qu'il avait sans doute remarquée chez nous à cet égard. Aujourd'hui, c'est-à-dire quarante-quatre ans après l'évaluation faite par M. Defer, on ne sera pas étonné que cette tendance ait fait de nouveaux progrès. En effet, nos habitudes ont encore bien changé, les fortunes se sont divisées, l'aisance est devenue plus générale, des rapports plus intimes avec nos voisins ont introduit, dans nos intérieurs, ont multiplié de plus en plus leurs usages ablutoires; ils ont excité chez nous ce goût pour la perfection, ce soin de ne rien négliger de ce qui peut contribuer à notre bien-être domestique qui les distinguent si bien; ils nous ont appris à rendre salubre, par un large emploi de l'eau, ces lieux qui tendent à entretenir dans nos intérieurs un germe continuel d'infection; le nombre de bains, soit particuliers, soit publics, s'est prodigieusement augmenté : ces derniers établissemens sont aujourd'hui au nombre de soixante-dix environ; ils donnent par an près d'un million de bains, et qui sait où s'arrêtera cette impulsion ?

Que l'on veuille bien réfléchir sur ces observations, que l'on remarque qu'une distribution d'eau à domicile ne permet pas de la mesurer à un verre près, comme le font nos porteurs d'eau, ensuite que ce genre de distribution ouvre la voie à des abus de l'eau, à des déchets que l'on ne peut empêcher, qui sont inévitables, alors l'on ne sera pas étonné du résultat qu'offre la distribution d'eau chez nos voisins, et l'on se formera une idée exacte de celui qui aura également lieu chez nous.

ter. Nous avons cru devoir exposer les faits que nous avions observés, afin de donner une idée juste de l'opération importante qui est
offerte dans ce moment au patriotisme et à la spéculation. Chacun
y trouvera, nous le pensons, des moyens de s'éclairer. Les uns
pourront être affermis dans l'opinion qu'ils s'en étaient formée;
d'autres pourront être à même de la rectifier; du moins c'est le but
que nous nous sommes proposé; nous nous estimerons heureux si
nous pouvons avoir rempli ce but, et nous recevrons la plus douce
récompense de cinq années de travaux et de méditations, si, en ré-
pandant sur cette opération quelques lumières qui en déterminent
l'exécution et surtout en assurent le succès, nous mettons l'administration de la ville et le digne magistrat placé à sa tête, à même
de recueillir enfin le fruit d'une sollicitude et d'une persévérance
sans exemple.

FIN.

# TABLEAU SYNOPTIQUE
## des divers élémens de la dépense.

## OUVRAGES DE MAÇONNERIE.

| | | | Montant (en divers) | Montant (en total) |
|---|---|---|---|---|
| Bâtimens des machines à vapeur | | de la Rapée | 232,000 | |
| | | de Chaillot | 40,000 | |
| | | du Gros-Caillou | 15,000 | |
| Réservoirs | | de la Garre | 100,000 | |
| | | de Chaillot | » | |
| | | de l'Estrapade | 428,903 | 1,816,937 |
| | | Saint-Victor | » | |
| Regards | | | 60,000 | |
| Galeries | | | 50,000 | |
| Établissement des conduites de prise d'eau | | | 90,000 | |

## OUVRAGES EN FONTE, FER, CUIVRE, ETC.

| DÉSIGNATION | Diamètre des conduites et sableurs (m) | Longueur dans le bas service | Longueur dans le haut service | tubulures etc. | Total | poids par mètre | Total de la fonte | prix fonte p. m. | prix pose p. m. | de chaque conduite | Robinets Nombre | Robinets Prix | Bouches à clefs Nombre | Bouches à clefs Prix | Tubulures Nombre | Tubulures Prix | Machines Nombre | Machines Prix | Montant |
|---|---|---|---|---|---|---|---|---|---|---|---|---|---|---|---|---|---|---|---|
| Conduite établie alimentant les réservoirs de Chaillot | 0,80 | » | | | | | | » | » | » | 1 | 5,000 | » | » | » | » | » | » | 5,000 |
| Conduite partant des réservoirs de Chaillot | 0,65 | » | | | | | | | | | | | | | | | | | |
| Conduites principales de la rive droite | | 3,017 | 670 | 4,379 | 8,066 | 234 | 1,810,450 | 122 | 32 | 1,243,230 | 7 | 28,000 | 4 | 76 | » | » | » | » | 1,371,306 |
| Conduite alimentaire de la rive droite | | » | 3,750 | » | | | | | | | | | | | | | | | |
| Conduite principale de la rive gauche | | 4,825 | » | » | | | | | | | | | | | | | | | |
| Tuyau de communication des deux rives de la Seine (1) | 0,50 | 160 | | | 15,945 | 274 | 4,187,910 | 106 | 18 | 1,879,185 | 19 | 24,000 | 15 | 285 | » | » | » | » | 1,903,470 |
| Distribution générale | | 7,290 | | | | | | | | | | | | | | | | | |
| Conduite de prise d'eau des pompes de la Rapée et du Gros-Caillou (2) | 0,41 | » | » | 280 | 3,130 | 178 | 557,140 | 68 | 17 | 363,810 | 3 | 3,800 | 8 | 152 | » | » | » | » | 966,762 |
| Distribution générale | | 2,850 | | | | | | | | | | | | | | | | | |
| Conduite alimentant le réservoir de l'Estrapade | 0,38 | » | 2,190 | » | 3,660 | 164 | 427,360 | 62 | 16 | 304,700 | 3 | 3,600 | 6 | 114 | » | » | » | » | 210,414 |
| Conduite partant de ce réservoir | | » | 360 | » | | | | | | | | | | | | | | | |
| Conduite de prise d'eau de la pompe de la Garre (3) | | » | » | 70 | | | | | | | | | | | | | | | |
| Conduite principale de la rive droite | 0,32 | » | 4,360 | » | 8,950 | 121 | 1,173,450 | 50 | 15 | 545,430 | 7 | 5,950 | 12 | 226 | » | » | » | » | 548,698 |
| Tuyau de communication par le pont Marie (4) | | 120 | | | | | | | | | | | | | | | | | |
| Distribution générale | | 4,340 | 1,439 | » | | | | | | | | | | | | | | | |
| Conduite principale de la rive gauche | | » | » | » | | | | | | | | | | | | | | | |
| Distribution générale | 0,25 | 6,840 | 2,120 | » | 9,909 | 97 | 961,173 | 27 | 12 | 483,841 | 10 | 7,000 | 14 | 285 | » | » | » | » | 493,826 |
| Tuyau de communication entre le haut et le bas service | | » | » | 100 | | | | | | | | | | | | | | | |
| Distribution générale | 0,217 | 8,100 | 4,350 | | 13,150 | 78 | 1,049,100 | 39 | 11 | 461,450 | 15 | 9,000 | 72 | 475 | » | » | » | » | 350,925 |
| Distribution générale | 0,162 | 21,345 | 17,130 | 1,050 | 39,785 | 63 | 2,108,605 | 20 | 11 | 1,233,335 | 140 | 63,000 | 132 | 2,444 | » | » | » | » | 1,298,779 |
| Tuyaux de décharges | | » | » | | | | | | | | | | | | | | | | |
| Distribution générale | 0,14 | 80,830 | 3,955 | | 84,584 | 46 | 3,860,910 | 17 | 8 et 7 | 2,030,040 | 264 | 113,600 | 710 | 12,922 | » | » | » | » | 7,156,562 |
| Distribution générale | 0,108 | 155,151 | 98,625 | | 950,778 | 30 | 7,323,280 | 11 | 7 et 8 | 4,363,182 | 1,009 | 302,700 | 2,368 | 47,974 | » | » | » | » | 4,608,566 |
| Tubulures de divers tuyaux | | » | » | | | 1,044 | | » | » | » | | | | | 1,870 | 284 | » | » | 384 |
| Plaques aux extrémités des tuyaux de service | | » | » | | | 685 | | » | » | » | | | | | 1,293 | 1,293 | » | » | 1,293 |
| Machines à vapeur | | » | » | | | | | » | » | » | | | | | | | 8 | 1,028,000 | 1,028,000 |
| **Tuyaux** | » | 204,626 | 136,539 | 3,879 | 436,546 | » | 24,700,697 | » | » | 12,836,983 | 1,458 | 564,850 | 3,295 | 58,935 | » | 1,687 | 8 | 1,028,000 | 16,491,198 |

**Objets divers** — Réservoir de l'Estrapade … 7,976 ; Robinets … 138,573 … 145,649

**Poids total de la fonte** … 24,826,346

La dépense pour les distributions de 2000 pouces des eaux de la Seine s'élèverait, comme on le voit ci-contre, à … 14,800,000

Y compris une somme à valoir de 491,873 fr.

D'une autre part, il résulte des renseignemens qui nous ont été donnés que la dépense pour la distribution des eaux de l'Ourcq, s'élèverait à … 5,000,000 — 20,000,000

Y compris une somme à valoir de 284,716 fr.

Ainsi, déduction faite des sommes à valoir, la dépense totale des deux opérations ne s'élèverait pas en nombre rond au-dessus de … 20,000,000

L'on a dû remarquer que le prix des fontes est de 18 f. le 100, on doit faire observer que les autres prix sont ceux de 1825, déduction faite de … 1/4

Total … 15,508,127

Somme à valoir … 491,873

Montant total de l'estimation des ouvrages à faire … 16,000,000

À déduire le prix arbitré des conduites actuelles du service des eaux de la Seine, dont on pourra tirer parti, ci … 1,200,000

Montant total et approximatif de la dépense à faire … 14,800,000

Paris, le 1er novembre 1828.
Signé Cte. MALLET.

## APERÇUS DIVERS.

La longueur totale des conduites est de … 436,340 mètres.

SAVOIR :
Pour le bas service de … 284,626
Pour le haut service de … 126,439
Communes aux deux services … 5,279

Total égal … 436,344

*Nota.* Dans cette longueur les tuyaux de service sont compris pour celle de … 225,361

Le poids total des fontes, etc. … 24,826,346

SAVOIR :
Conduites { du bas service … 18,284,810 ; du haut service … 6,757,393 ; communes aux deux services … 1,594,264 }
Divers accessoires … 185,049

Total égal … 24,826,346

Le prix total des fontes pour les conduites à raison de 0f.86 le kil. est de … 9,385,527
Le prix total des conduites posées est de … 13,836,903

D'où le prix de la pose, y compris 685,740 f. pour 700,779 kil. de plomb, est de … 3,450,076

Ou de 26 pour 0/0 environ du prix total de cet objet.

Le nombre total des robinets est de … 1,488

Celui des robinets de 0m.14 est de … 284
id.  id. de 0m.106 est de … 1,000

Ensemble … 1,282

Le prix total des robinets est de … 564,650

Ou de 5 p. 0/0 environ du prix des conduites.

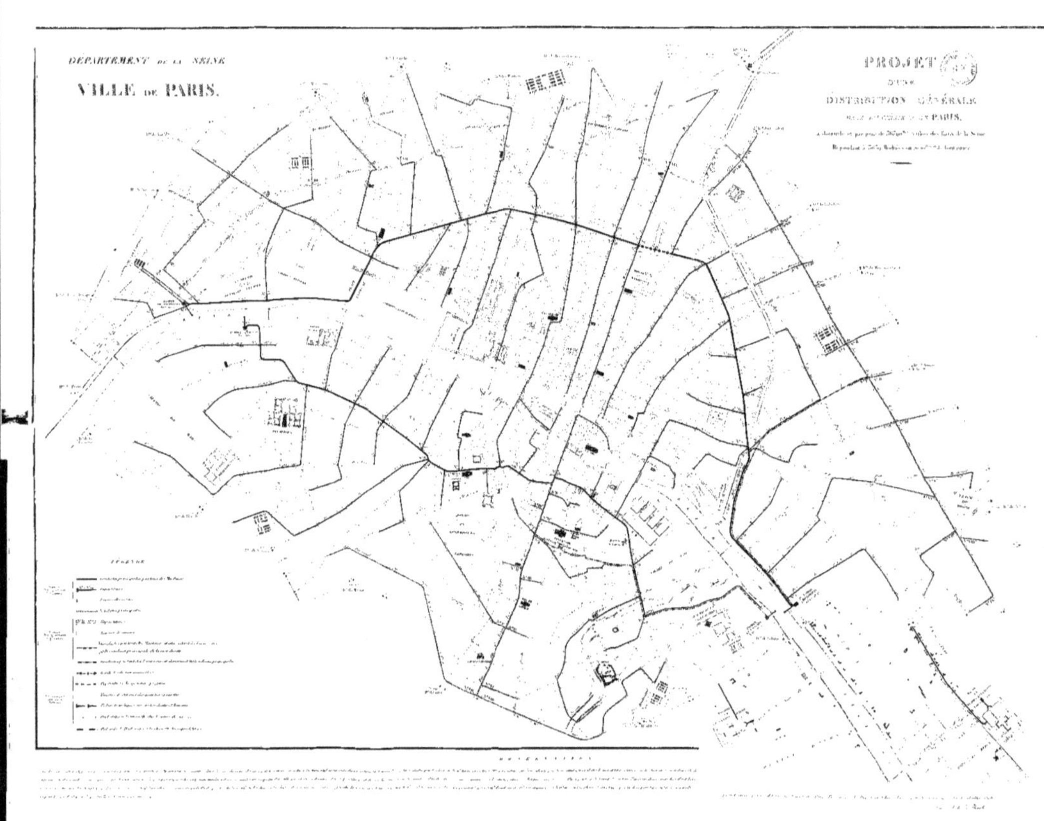

DÉPARTEMENT DE LA SEINE
VILLE DE PARIS.
PROJET
D'UNE
DISTRIBUTION GÉNÉRALE
D'EAU À TRAVERS LA VILLE DE PARIS,
LÉGENDE